DER WEISE VOM MONT AUBERT

Wolf Dieter Storl

DER WEISE VOM MONT AUBERT

Erinnerungen an Arthur Hermes

Ein Leben im Einklang mit der Natur

at VERLAG

INHALT

»Manches Gute und Nützliche wird vom Sandwehen des Tages zugedeckt, kommt aber, wie Bernstein, doch wieder einmal zum Vorschein.«

Johann Wolfgang von Goethe

VORWORT

Den »Bauernphilosophen« Arthur Hermes habe ich in meinen Büchern immer wieder mal erwähnt. Im Leben hat man mehrere Lehrmeister oder Gurus, die man verehrt und die einem das Rüstzeug geben, das man für das Leben braucht. Arthur Hermes war für mich einer von ihnen. Oft wurde ich gefragt, ob ich etwas mehr über diesen »alten Weisen«, der im Schweizer Jura lebte, erzählen könne. Die Naturverbundenheit dieses Landmenschen, der beispielsweise mit seinen Kühen telepathisch kommunizieren konnte, beeindruckte mich. Das war etwas anderes als die seelisch kalte, »objektive« Herangehensweise der experimentalen Wissenschaft, die mir in der Schule und an der Universität begegnet war. Über sein bewegtes Leben und seine Einsichten – die er oft in ein anthroposophisches Vokabular kleidete – will ich hier erzählen.

Die Welt, aus der Arthur Hermes kam und in der er lebte, ist dem modernen, urbanen, vielgereisten, digitalisierten Zeitgenossen weitgehend fremd. Oft fremder als manche exotische Kultur, in die er heutzutage in den Urlaub düst. Es ist die Welt der Bauern, des traditionellen Landvolkes, das mit der Erdscholle verwachsen ist und dessen Wissen über den Umgang mit den Haustieren und den Ackerpflanzen anspruchsvoller ist, als manch einer es sich vorstellt. Die Wurzeln des bäuerlichen Könnens liegen tief. Sie haben sich über die Jahrtausende hinweg, seit der indigenen europäischen Megalithkultur entwickelt. Von Generation zu Generation wurde weitervermittelt, wie man den Boden pflügt, wie man sät, erntet und Viehzucht betreibt. Diese Dinge sind nicht so einfach, wie es sich manch idealistischer Städter vorstellt, der aufs Land zieht und sein Leben mit alternativer Landwirtschaft bestreiten will. Von wegen »dumme Bauern«! Wer kann heute noch eine Kuh von Hand melken, mit einem Ross den Acker pflügen, die Sense führen und gar deren Blatt dengeln?

Das Leben der Bauern war nicht nur praktisches, handwerkliches Können, sondern es war eingebunden in ein Verständnis und Erkennen der unsichtbaren energetischen (ätherischen), seelischen und spirituellen Umwelt, die wiederum in Bildern und Imaginationen gefasst wurde, die sich auf keltisch-germanisch-heidnische sowie christliche Vorstellungen zurückverfolgen lassen. Das Wissen, wie man mit den Wesen der unsichtbaren Welt – den Zwergen, Naturgeistern, Alben, Waldteufeln, Elfen – umzugehen hatte, war wichtiger Bestandteil dieses bäuerlichen Lebens.

Obwohl es zeitlich gar nicht so lange her ist, ist die bäuerliche Lebensweise für uns moderne Menschen recht fern und schwindet rapide aus unserem

Der Autor beim Menhir, unter dem Arthur Hermes bestattet wurde.

Bewusstsein. Zurzeit erleben wir ein Bauernsterben. In der Schweiz wurden in den letzten zehn Jahren jährlich eintausend Höfe dichtgemacht; das sind drei pro Tag. In Deutschland gab es 1950 anderthalb Millionen bäuerliche Betriebe, heute sind es noch 260 000. In den USA gab es in den Fünfzigerjahren noch sieben Millionen Familienfarms; nur 250 000 sind übriggeblieben, davon entweder riesige, managergeführte Agrargroßbetriebe oder kleine Wochenend-Farms. Als Junge konnte ich erleben, wie im ländlichen Ohio, wo ich aufwuchs, eine Farm nach der anderen verlassen wurde; die einst stattlichen Höfe verfielen oder wurden abgerissen. *Get big or get out* (»Vergrößert euch oder verschwindet«) war die Botschaft des US-Landwirtschaftsministeriums an die Farmer. Heute kaufen internationale Großkonzerne, »Heuschrecken« (internationale Finanzinvestoren) und Länder wie China und Saudi-Arabien weltweit Millionen von Hektar Ackerflächen. Nur als Beispiele: Drei internationale Konzerne – Cargill, DuPont und Monsanto – besitzen inzwischen die Hälfte der fruchtbaren Schwarzböden-Ackerflächen der Ukraine; im Jahr 2015 kaufte China eine halbe Million Hektar Bauernland in Norddeutschland. Und Bill Gates, der groß ins Geschäft der Saatgutproduktion, genetisch veränderten Pflanzen und Tiere sowie synthetischen Lebensmittel eingestiegen ist, ist inzwischen der größte Eigentümer von Farmland in den USA; er besitzt rund 100 000 Hektar (242 000 Acres). Solche Flächen werden selbstverständlich nicht nachhaltig, biologisch bewirtschaftet. Immer öfter sind computergesteuerte Roboter die Landarbeiter. Man spricht auch von »vertikalem Farming« in Hallen, die wie städtische Autoparkanlagen übereinandergestapelt sind und wo genetisch »verbesserte« Nutzpflanzen unter künstlichem Licht und in ausgeklügelten Nährlösungen aufgezogen werden – ohne Verbindung zur Sonne und ohne Erde.

Man mag dazu stehen, wie man will: Manche sehen darin den Fortschritt, einen *Reset*, der uns in ein goldenes Zeitalter führen wird. Andere dagegen erkennen in diesen Entwicklungen eine Gefahr für die Menschen und die Natur.

Auf jeden Fall lebte Arthur Hermes, der »alte Weise« vom Waadtländer Jura, in der altüberlieferten bäuerlichen Welt, die heute immer mehr in Vergessenheit gerät. Er verkörperte diese geradezu. Er stemmte sich zeitlebens gegen das, was er auf die Menschheit und auf die Natur zukommen sah. Er setzte sich für eine naturfreundliche, biologische Landwirtschaft ein.

Wegen seines tiefgründigen bäuerlichen Wissens luden ihn Schweizer Bauern zu sich ein. Und da er Praktiker und nicht nur Theoretiker war, vermochte er alteingesessene Hofbesitzer von der biodynamischen Landwirtschaft zu überzeugen. Um die sechzig Bauern und Bäuerinnen folgten damals in den Fünfzigerjahren seinen Lehren; viele der heutigen Demeter-Betriebe gehen darauf zurück. Inzwischen gibt es in der Schweiz 6400 Bauernhöfe, die biologisch wirtschaften – nicht unbedingt alle biodynamisch –, und es werden immer mehr. Diese Entwicklung ist zum Teil dem fast vergessenen Pionier Arthur Hermes zu verdanken. In diesem Buch wollen wir in seine Welt eintauchen.

»Eine Idee ist erst gut,
die sich in der Praxis bewährt.«

Arthur Hermes

DER DRUIDE

Im Winter 1972/73 bin ich dem alten »Druiden« namens Arthur Hermes zum ersten Mal begegnet. Ich war damals ein als Gärtner getarnter ethnologischer Feldforscher, der seine Untersuchungen in einer Dorfgemeinschaft im Rhone-Tal südlich von Genf machte. Es war kein herkömmliches Welschschweizer Dorf, sondern eine ländliche Siedlung, in der man versuchte, mit geistig Behinderten in Einzelhaushalten jeweils wie eine Familie zusammenzuleben, dabei das Handwerk zu pflegen und einer naturfreundlichen, biodynamischen Landwirtschaft nachzugehen. Kleine Kommunen und Sekten waren damals mein akademisches Interessensgebiet. Deswegen war ich da. Bald jedoch hatte mich die Arbeit in der Natur, mit den Pflanzen und Tieren dermaßen begeistert, dass ich mich immer seltener auf den Weg zur Universität Bern machte und erst zweieinhalb Jahre später wieder das Dorf verließ.

Wie jedes Jahr hatten wir in den Werkstätten, auf dem Bauernhof und im großen Gemüsegarten mit unseren »anders begabten« Dorfbewohnern schwer gearbeitet. Nun an den Weihnachtstagen – »wenn sich die Himmelskräfte mit der Erde vereinen« und, wie man einst glaubte, das Jahresrad zwölf Tage lang stillsteht – wollten wir die heilige Weihezeit würdig feiern und nur das Allernotwendigste machen, wie eben das Vieh füttern, die Kühe melken und striegeln, ausmisten, und uns ansonsten der Muse hingeben. Die Frage war, wie? Unser Bauer, der Christoff, schlug vor, einen über achtzigjährigen »alten Weisen« namens Arthur Hermes in unsere Dorfgemeinschaft, *Village Aigues-Vertes,* einzuladen. Der Alte, der im Waadtland, hoch oben im Jura-Gebirge auf einer Waldlichtung einen kleinen Einödhof betrieb, sollte Kurse in Heilkunde, gesundem Kochen, Tonmodellieren, Puppennähen, Schnitzen, Malen und ähnlichem Handwerk auf anthroposophischer Basis anbieten. Das klang gut, ja, das würden wir machen!

Ich war ganz gespannt auf den Besuch. Wahrscheinlich war es ein asthenisches Männlein mit Baskenmütze, gepflegter Sprache und einem Gesicht geprägt von der täglichen Meditation vor dem Bild des Meisters, des Herrn Doktor Rudolf Steiner, dessen Schrifttum er sich sicherlich über die Jahre hinweg verinnerlicht hatte. Solchen lieben Menschen begegnet man ja immer wieder, etwa wenn man das Speisehaus in Dornach besucht oder an einer Tagung am selben Ort teilnimmt.

Es stellte sich heraus, dass meine Vorstellung völlig daneben war. Der Mann, den wir am Bahnhof abholten, war groß und kräftig, eher wie ein Mensch gewordener Bär. Er trug einen weiten Mantel, darunter einen ver-

Gärtnerhaus in Aigues-Vertes.

Berner Biobauer.

schlissenen knallroten Wollpullover. Ein abgegriffener Schlapphut bedeckte eine wallende weiße Künstlermähne, und unter den buschigen Augenbrauen blitzten blaue Augen hervor, die einen starken Willen verrieten. Unter dem linken Arm klemmte eine mit obskuren handschriftlichen Notizen gefüllte, abgewetzte Aktenmappe. Und als man ihm die Hand zum Gruß gab, war es, als stecke man sie in einen warmen Ofen. Für mich hatte dieser Hermes, der denselben Namen trug wie der Götterschamane und Grenzgänger der griechischen Mythologie, etwas Numinoses an sich, auch etwas von dem Wanderer Wotan. Der Archetypus des mächtigen Donnergottes Donar schien auch in ihm zu leben. Er hätte ebenfalls ein Druide sein können, der sich in seiner Inkarnation um zwei- oder dreitausend Jahre verfehlt hatte.

Er aß mit uns im Gärtnerhaus und lachte, als er sah, wie Manfred und Hilde – das waren der Gärtnermeister und seine Frau – die Zutaten des Essens penibel mit einer Waage genau auf das Gramm auswogen und sich ohne Nährwerttabelle kaum an den Tisch wagten.

»Man muss auch den natürlichen Instinkten ihre Rechte lassen«, schmunzelte der Alte.

Bald nähten wir Puppen, modellierten Ton, spazierten durch Hof und Garten, wobei er praktische Ratschläge erteilte und wunderbare Geschichten erzählte. Die Kühe und die anderen Tiere schienen sich in seiner Gegenwart wohlzufühlen. Auch einen Kochkurs – »planetarisches Kochen« – veranstaltete er. Da wurden die Gemüse nach ihrer planetarischen Zugehörigkeit eingeteilt. Der alte Meister dachte kaum in Begriffen wie Vitamine, Aminosäuren oder molekulare Bestandteile, sondern er fragte sich: »Hab' ich genügend Venus (frisches Grün) in der Diät? Mangelt es an Jupiter (reife Früchte)?« Einem blassen Fräulein verschrieb er eine Venus-Mars-Diät, einem Phlegmatiker eine Mars-Merkur-Diät. »Die eng gefasste schulwissenschaftliche Ernährungskunde verkriecht sich ins Mikroskop und ins Reagenzglas und schneidet den Menschen von seinen kosmischen Wurzeln ab«, kommentierte er.

Hilde, die Gärtnerfrau, hörte aufmerksam zu, und tatsächlich schmeckte ihre Kocherei danach viel besser; und die Verdauungsprobleme, die den Gärtnermeister Manfred plagten, hörten schlagartig auf.

Für die jüngeren Mitarbeiter – zu denen ich als Dreißigjähriger noch gehörte – hatte er auch Fesselndes über unsichtbare Dimensionen des Seins und über das Mysterium der Sexualität zu erzählen. Wir merkten, er sprach aus der eigenen Erfahrung und lebte, was er lehrte. Das war etwas anderes als die trockenen Unterweisungen aus der Sekundarliteratur anthroposophischer Schriften, mit denen wir uns sonst herumschlugen. Es war auch etwas anderes als die mir geläufigen akademischen Abhandlungen. Überhaupt begann ich, aufgrund dieser Begegnung zum ersten Mal die Grundsätze des eher engen wissenschaftlich-akademischen Weltbildes zu hinterfragen. Das erleichterte es mir später auch als Völkerkundler, mich in die Weltbilder nichtwestlicher Ethnien hineinzufühlen und diese, ohne unnötige Analyse und Interpretation, gelten zu lassen.

Alle, Jung und Alt, waren begeistert. Auch die »Dörfler«, die geistig Behinderten, die mit uns das Leben in der Gemeinschaft teilten, bekamen leuchtende Augen; sie liebten geradezu diesen *»Monsieur Ermess«*. Und als der kleinwüchsige Eric – der übrigens alle Partituren, die Mozarts Vater für den kleinen Amadeus geschrieben hatte, virtuos auf dem Klavier spielen konnte – wieder mal einen Wutanfall bekam und Teller und Tasse auf dem Boden zerschmetterte, schaute Hermes ihm in die Augen und fragte: »Weißt du, Eric, wo die Sonne ist?« Eric schaute erstaunt auf und beruhigte sich sofort. Es schien wie ein Wunder. (Die Sonne, die er meinte, war natürlich das innere Licht, der Christus in uns.) Einigen blassen, überarbeiteten Mitarbeitern riet er, sie sollten Brennnesseltee trinken, um die Feuerkraft des Mars aufzunehmen. Anderen empfahl er, Süßes zu essen, und wiederum anderen legte er nahe, Bitteres aufzunehmen, um den Ätherleib und den Astralleib, also Leib und Seele, besser zu verbinden.

Ton kneten, Puppen nähen, mit Wasserfarben malen

Im ersten seiner Workshops ließ er uns Ton kneten. Wir rollten Kugeln, drückten diese dann zu Würfeln, woraus wiederum Pyramiden geformt wurden. Schließlich wurden die Tonpyramiden eingestülpt und wieder zu Kugeln gerollt. Als wir diese aufschnitten, stellten wir fest, dass nun ein Hohlraum darin war.

»Ja«, dozierte er, »Verwandlung, Metamorphose ist das Lebensgesetz! So wirkt das Göttlich-Geistige in die Natur hinein! Wir haben uns beim Tonkneten selbst modelliert! Vom Rundlichen der Kindheit über das Kantige des Erwachsenen zum Spitzigen des Alters kommen wir wieder zur Urform der Kugel, die aber diesmal etwas verinnerlicht hat, die beim Wandlungsvorgang etwas Geist in sich hineingenommen hat. So nehmen wir, während unseres Lebens, das Kosmisch-Geistige in uns hinein.« Ganz verstand ich die angedeutete Symbolik nicht, aber es war etwas ganz anderes als das, was ich im Anthropologiestudium gelernt hatte.

Es folgten Schnitzkurse und Puppenkurse. Wie ein Zen-Meister betonte Hermes, dass man ganz bei der Sache sein muss, dass man sich seelisch mit der Arbeit verbinden muss, denn das, was wir erarbeiten, sind unsere »Geschöpfe«. In zukünftigen Erdeninkarnationen werden diese Puppen ihr Eigenleben führen. Wir sind auf diese Art und Weise Schöpfer und haben Verantwortung für das, was wir in die Welt setzen. Gute Gedanken und vor allem

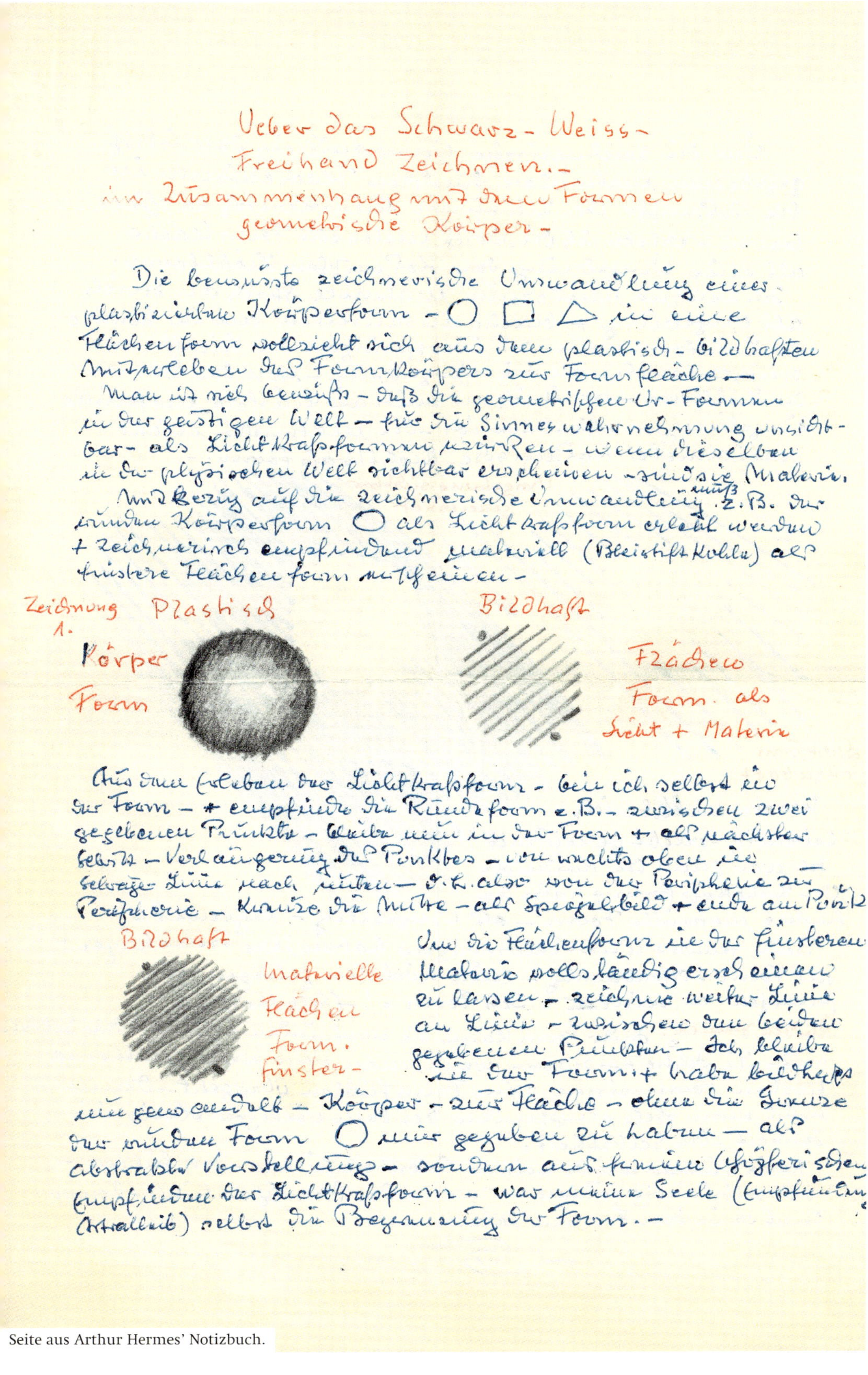
Ueber das Schwarz-Weiss-
Freihand Zeichnen. –
im Zusammenhang mit den Formen
geometrische Körper –

Die bewusste zeichnerische Umwandlung einer plastizierten Körperform – ○ □ △ in eine Flächenform vollzieht sich aus dem plastisch-bildhaften Miterleben des Formkörpers zur Formfläche. –
Man ist sich bewusst – daß die geometrischen Ur-Formen in der geistigen Welt – für die Sinneswahrnehmung unsichtbar – als Lichtkraftformen wirken – wenn dieselben in der physischen Welt sichtbar erscheinen – sind sie Materie.
Mit Bezug auf die zeichnerische Umwandlung muß z.B. die runden Körperform ○ als Lichtkraftform erlebt werden + zeichnerisch empfindend materiell (Bleistift Kohle) als finstere Flächenform erscheinen –

Zeichnung 1.
Plastisch
Körper Form
Bildhaft
Flächen Form. als Licht + Materie

Aus dem Erleben der Lichtkraftform – bin ich selbst in der Form – + empfinde die Rundform z.B. – zwischen zwei gegebenen Punkten – bleibe nun in der Form + als nächster Schritt – Verlängerung des Punktes – von rechts oben eine schräge Linie nach unten – d.h. also von der Peripherie zur Peripherie – kreuze die Mitte – als Spiegelbild + ende am Punkt

Bildhaft
Materielle Flächen Form. finster –

Um die Flächenform in der finsteren Materie vollständig erscheinen zu lassen – zeichne weiter Linie an Linie – zwischen den beiden gegebenen Punkten – Ich bleibe in der Form + habe bildhaft umgewandelt – Körper – zur Fläche – ohne die Grenze der runden Form ○ mir gegeben zu haben – als abstrakte Vorstellung – sondern aus feinem schöpferischen Empfinden der Lichtkraftform – war meiner Seele (Empfindungs-Astralleib) selbst die Begrenzung der Form. –

Seite aus Arthur Hermes' Notizbuch.

Freude sollten alle unsere Werke begleiten, damit sie gut geraten, damit wir keine Dämonen in die Welt setzen. Was wir tun, wird zu unserem Karma, mit dem wir leben werden müssen. So macht ein jeder sein Schicksal selbst!

»Ja, aber«, fragte ein erschrockener Kursteilnehmer, »und wenn man unbedacht, ungewollt Schlechtes in die Welt gesetzt hat?«

»Das ist dann der Abfallhaufen, der Kompost, der den Rohstoff zu neuen Schöpfungen liefert. Das alte Verdorbene wird durch unser notwendiges Schaffen abgetragen und umgewandelt. Die Metamorphose ist das Geheimnis! Wir arbeiten an der Befreiung und Weiterentwicklung der Schöpfung ... und dadurch an uns selbst.«

In den Malkursen ließ er reine Farben, etwa Gelb und Blau, auf nassem Blatt zusammenfließen, wodurch ein helles Grün aufleuchtete.

»So fließen Himmelslicht und Lufthülle zusammen – das Gelb der Sonne und das Blau des Äthers –, um die Erde mit einem grünen Kleid zu schmücken!«, erklärte er. Rein wissenschaftlich gesehen, ist das gar nicht so abwegig, dachte ich. Pflanzen bestehen zu 95 Prozent aus Wasser (H_2O) und Luft (CO_2) und werden von der Sonne energetisiert.

Die Figuren zeichnen oder skizzieren und dann ausmalen, durften wir nicht. Von den starren Linien des Stiftes oder der Feder sollten wir fernbleiben. Nicht bloß der Kopf – »verhärtet, sklerotisch, intellektualistisch« –, sondern auch die Seele sollte mitempfindend die Farben auf das Blatt bringen. Überhaupt lag es ihm daran, gnadenlos die festgefahrenen, fixierten Verhaltensgewohnheiten zu brechen und ins Fließen zu bringen: Wir sollten mal versuchen, Bücher verkehrt herum oder aus einem Spiegelbild zu lesen. Oder einmal mit den Füßen, anstatt mit den Händen zu schreiben, zu malen oder Ton zu kneten. Offen sollten wir werden, damit uns das göttliche Wunder, das uns überall, vor allem in der Natur umgibt, durchfließen kann. Staunen sollten wir lernen.

Ganz stolz zeigten wir Gärtner dem Gast unseren zwei Hektar großen Garten, der das Dorf das ganze Jahr über mit frischem, giftfreiem biodynamischem Gemüse versorgte. Ja, der gefiel ihm, aber er sei zu »nackt«, wir würden zu eifrig hacken und jäten, ein paar wilde Begleitkräuter gehörten schon mit zu einem Garten. »Mutter Erde ist keusch, sie will immer ein grünes Kleid tragen.«

Planeten im Kochtopf

Seine Jahre waren Arthur Hermes nicht anzusehen. Wer sein Alter erfuhr, wunderte sich, wie es denn möglich sei, den Körper so kräftig zu halten und zugleich ein solch weitgespanntes Bewusstsein zu wahren. »Es ist die Meditation, die immer aus der Urquelle schöpft«, gab er zur Antwort, »und eine Ernährungsweise, die dem Geist Kraft zur Einkehr gibt!«

Hermes war Vegetarier und mied den Fusel. »Alkohol präserviert und mumifiziert ausgediente Gedanken. Er hemmt dasjenige, was ganz zart, ganz fein ätherisch vor dem Seelenauge erscheinen will!«

Sein Vegetarismus war aber nicht fanatisch engstirnig. Er hatte nichts einzuwenden, wenn er irgendwo auf Besuch war, und es wurden ihm Wurst oder Gulasch vorgesetzt. Ohne Kommentar aß er brav mit, denn er wollte seine Gastgeber nicht beleidigen oder überheblich erscheinen.

Gegen Milch und Käse – »unschuldige mondhafte Substanzen, voller frischer Lebenskräfte« – hatte er nichts einzuwenden, er hatte ja schließlich selbst einige Kühe im Stall. Und was das Fleischessen betrifft, da meinte Hermes, jedes Tier hat eine empfindsame Seele, und diese müsse man respektieren. Er könne schon verstehen, dass man gelegentlich die Kraft eines Ochsen braucht und dann Ochsenfleisch isst; man müsse es aber dem Tier wiedergutmachen. »Man muss sich im Klaren sein, dass man dem Tiergeist, der dieses Opfer bringt, etwas schuldig bleibt … karmisch gesprochen!« Auch dem Frühstücksei war er nicht abhold, denn »diese rennen ja nicht schreiend weg; das Seelische in ihnen ist noch nicht voll inkarniert.«

»Wir verspeisen den Kosmos!«, gab er den verblüfften Hausfrauen und Köchen zu bedenken und erklärte weiter, dass Pflanzen, auch die Nahrungspflanzen, in ihrem Aufbau größtenteils aus Wasser und Luft – vor allem Kohlendioxid, Sauerstoff und etwas Stickstoff – bestehen. Der mineralische Rest, der bei der Veraschung übrigbleibt, ist dagegen verschwindend gering. Nun wussten die alten Alchemisten sowie auch die Homöopathen, dass Wasser und Luft »sensible« Elemente sind. Sie sind empfänglich und einprägsam für Schwingungen und Strahlungen jeglicher Art. Die wässrigen Pflanzenorgane sind also bestens geeignet, vielfältige rhythmische und zyklische Impulse zu empfangen, die von der Sonne und vom Mond, etwa bei der Keimung und in den Wachstumsschüben, ausgehen. Sie empfangen aber auch Einflüsse von den Wandelsternen und Fixsternen. Die im Saft gelösten mineralischen Spurenelemente können, bildlich gesprochen, als »Köder« oder Resonanzverstärker bestimmter kosmischer Schwingungen gesehen werden.

Was Hermes da sagte, erinnerte stark an die offizielle Wissenschaft der Renaissance. Damals war man überzeugt, dass die Erdenmaterie von den Einflüssen des Himmels durchdrungen, geprägt und geformt wird. Da sind, erstens, die Urbilder oder Archetypen, die von den Fixsternen des zwölfgliedrigen Tierkreises ausgehen. Sie strahlen auf die Erde herab und gestalten die an sich formlose, chaotische Materie. Diese Ausstrahlungen werden ihrerseits beeinflusst, gestärkt oder gedämpft durch die Einflüsse der beweglichen Wandelsterne (Planeten). Diese sind dem Auge sichtbar als Mond, Merkur, Venus,

Sonne, Mars, Jupiter und Saturn. Saturn ist die Brücke oder der Übergang zum Fixsternhimmel. Der Einfluss der Planeten offenbart sich in den Farben, Formen, Aromen, Jahreszeiten, Krankheitssymptomen und allen anderen sinnlichen Eigenschaften, die wir auf der Erde erleben. Auf diese Weise kann man empirisch gut erkennen, welche Planeten sich in einer jeweiligen Pflanze, einer Blume oder einem Gemüse offenbaren.

Hermes war nicht jemand, der unkritisch Altüberliefertes übernahm, jedoch bestand für ihn kein Zweifel an den Beziehungen zwischen himmlischen Einstrahlungen und ihren irdischen Auswirkungen. In den Nahrungsmitteln und -pflanzen seien die kosmischen Einflüsse erkennbar im Geschmack, der Haltbarkeit und der »Güte« (Qualität).

Verführer der Jugend

Die jungen Leute waren natürlich am meisten von dem »alten Weisen« angetan. Er wich ihren vielen Fragen auch nicht aus. Bis spät in die Nacht, manchmal bis drei oder vier Uhr am Morgen, lauschten sie seinen plastischen Schilderungen von Bienen und Blumenkelchen, von Geist und Seele, von Mann und Frau. Jeder fühlte sich persönlich angesprochen. Dabei wurde viel Kaffee getrunken. »Gift« nannte er das koffeinhaltige Getränk und nahm es, augen-

Arthur Hermes auf dem Michaelshof.

zwinkernd, »schwarz wie die Seele und heiß wie die Hölle« zu sich – es fehlte nur noch »süß wie die Sünde«. Zwei, drei Stunden Schlaf schienen ihm zu genügen. Kurz vor Sonnenaufgang war er schon wieder wach, ging hinaus und grüßte die Sonne mit irgendwelchen eigenartigen Bewegungen[1] und sang den Geistern ein Lied vor.

Mehrmals im folgenden Jahr besuchte der alte Zauberer unsere Dorfgemeinschaft. Immer brachte er uns ein Füllhorn voller Geschichten und guten Ratschlägen. Er nannte sich zwar Anthroposoph, aber er war mehr als das, er war eine Individualität, geprägt von langer Lebenserfahrung und Naturkenntnissen. »Die Götter wollen keine Klone, keine Roboter« sagte er, »sie wollen einmalige Persönlichkeiten! Sie schenken uns die Welt und fragen: ›Was meint ihr dazu?‹ Da kann man nicht nach Schablonen antworten.« Was die Lehre Rudolf Steiners betraf, betonte er, man solle sie nicht gleich ablehnen, sondern einfach mal zuhören und sehen, ob sie stimmig ist. Auch solle man sie nicht gleich glauben. Wie bei allem, was einem begegnet, müsse man fremde Gedanken erst einmal seelisch verdauen, denn »alles, was wir unverdaut aufnehmen, wird zu Gift!«

Mich berührte besonders seine Naturverbundenheit. Man sah es, wie er mit den Tieren, den Kühen, den lebenslustigen Schweinen und dem Pferd umging. Er verband sich seelisch mit ihnen, er stimmte sich auf sie ein, und sie verstanden es. Sie waren keine »Gegenstände«, deren Verhalten man observiert, sie waren für ihn tierische Brüder und Schwestern.

Auch was die menschliche Gemeinschaft in der Siedlung betraf, schaute er tief. Unter den Mitarbeitern sollte jeder gleichberechtigt sein. Ein *Conseil du Village* (Dorfrat) traf sich jeden Donnerstagabend. Da konnte jeder seine Sicht der Dinge vortragen, und nach gründlicher Überlegung und Besprechung wurde ein einstimmiger Entschluss gefasst. Das klang gut, das klang nach Basisdemokratie. Aber in Wirklichkeit waren es fünf ältere Jungfern, ehemalige Auserwählte des Gründers der Kommune, die schließlich bestimmten, wie die Dinge zu laufen hatten. Ihnen zur Seite stand ein Christengemeinschaftspriester, dem es gelang, den Wünschen dieser Damen einen unanfechtbaren, nicht zu hinterfragenden, spirituellen Kontext zu geben. Zudem beherrschten diese fünf »Hausmütter« Meditationstechniken – mir wurde das erst später bewusst –, um den Willen der Mitarbeiter und der »Dörfler«, der mental Behinderten, zu beeinflussen und in die gewollte Bahn zu lenken. Arthur Hermes, bewandert in okkulten Dingen, durchschaute diese Angele-

1 Dass es sich dabei um Eurythmie handelte, eine anthroposophische Bewegungskunst, die mit der geistigen Welt Verbindung herstellt, erfuhren wir erst später.

genheit sofort. »Man darf nicht in die Freiheit eines anderen Menschen auf diese Art und Weise eingreifen«, erklärte er.

Das Wirtschaftssystem der Kommune war ebenfalls ungewöhnlich. Wie in einem Kibbuz sollte jeder von seiner Zeit und Energie so viel geben, wie er konnte, und nur so viel nehmen, wie er brauchte. Da gab es eine »Hutschachtel«, in die das erwirtschaftete Geld kam, und wenn man etwas für den Eigenbedarf brauchte, dann durfte man es aus der Hutschachtel nehmen. Eine der älteren Damen verwaltete dieses Geld; zu ihr musste man gehen, wenn man etwas brauchte. Auch wenn es sie nichts anging, fragte sie immer, warum und für welchen Zweck man es verwenden wolle. Wir jungen Leute waren stolz darauf, wie wenig wir benötigten. Ich selbst nahm nie mehr als 30 Franken pro Monat. Aber da gab es einige Mitarbeiter, die langten tiefer in die Hutschachtel. Einer brauchte unbedingt ein Segelboot für den Genfer See und die Kassenwärterin kaufte sich ein flottes neues silbergraues Auto, trug die neuste Pariser Mode und trank heimlich teuren Wein – Letzteres erzählte mir einer der geistig Behinderten, den sie sich als persönlichen Diener hielt. Zur Rede gestellt, sagte sie: »Ja, so ist es! Jeder gibt, was er kann, und jeder nimmt, was er braucht. Einige Menschen brauchen eben mehr als andere!«

Hermes durchschaute diese und andere Falschheiten hinter der uneigennützigen, humanen Fassade der Führung der Gemeinschaft. Er hatte ein Gespür für die Falschheit, auch für die Kontrollsucht, hinter der immer die

Besucher aus Aigues-Vertes. A. Hermes (Mitte links), Christine und Wolf-Dieter Storl (rechts).

Angst steckt. Es gehörte zu seinem Charakter, dass er den meisten Autoritätsträgern misstraute. Das machte ihn für uns junge Leute sympathisch. Sein ganzes Leben war er ein Rebell gewesen. In der Hitlerzeit hatte ihn diese Einstellung fast das Leben gekostet.[2]

Es dauerte nicht lange, da durfte Arthur Hermes das Dorfgemeinschaftsgelände nicht mehr betreten. Er wurde zur *persona non grata*. Die Dogmatiker, darunter der Christengemeinschaftspriester, meinten, er sei aufrührerisch, ja, jugendgefährdend, ein Rattenfänger. Man schien Angst vor dem charismatischen Alten zu haben.

Der Bann hielt die jungen Mitarbeiter, auch die Gärtner und Bauern, dennoch nicht ab, ihn heimlich weiterhin einzuladen. Sie sammelten etwas Geld, um ihn für seine Mühe und das Reisen zu bezahlen, denn sie vermuteten – zu Recht –, sein kleiner Hof warf kaum Gewinn ab; die magere Rente und eine Nebenrente, die ihm als Verfolgter des Nazi-Regimes zugutekam, reichte gerade zum Überleben.

Der archetypische Weihnachtsmann

Als die Raunächte vorüber waren, reiste der Alte wieder auf seinen Berghof im Waadtland. Als er in das Auto einstieg, um zum Bahnhof gefahren zu werden, sprach er: »Spann an, Ahriman!« Das sagte er jedes Mal, ehe er abfuhr, denn ein Kraftwagen war für ihn nicht nur ein von Menschen konstruierter Mechanismus, sondern in jeder Maschine wirke ein mächtiger Geist: der seelenlose, berechnende, kalte Geist der Technologie, den Rudolf Steiner mit dem Namen des altpersischen Widersachers *Ahriman* belegt hatte.

Der Besuch des alten Weisen vom Berg war für uns wie der Besuch des leibhaften Weihnachtsmannes, der von weit her mit seinem Sack voller Weisheitsnüsse, Verjüngungsäpfel und Fruchtbarkeitsruten daherkam und die Häuser, die Werkstätten, den Garten und den Stall mit seinen Ratschlägen segnete. Wie der alte Planetengott Saturn, der himmlische Sämann, den die Römer zur Wintersonnwende verehrten und der um diese Jahreszeit der Menschenwelt nahetritt, säte er Bilder, Gedanken und Imaginationen, die unser Seelenleben befruchteten.

2 Ich konnte ihn gut verstehen, denn auch mir als jungem Dozenten für Soziologie und Anthropologie an der Kent State University in Ohio ging es an den Kragen. Da ich immer frei über den imperialistischen Vietnamkrieg und über die soziale Pathologie der amerikanischen Gesellschaft redete, wurde ich für die Bürger der Stadt zur Projektionsfläche. Sie glaubten, ich sei ein kommunistischer Agent, der die Jugend verführe. Das war ich auf keinen Fall. Doch sie gründeten tatsächlich eine *vigilante troop* (Bürgerwehr), um mich auszuschalten. Was genau geschah, habe ich in meinem Buch *Mein amerikanischer Kulturschock* (München, Kailash 2017) beschrieben.

»die bäume sollen wieder meine
brüder sein
wir lassen unsere wunden heil'n
in den zweigen soll'n die vögel
wiederwohnen und mit mir
die kirschen teil'n
ich will auch wieder mit den tieren
sprechen können und ich will
das gras verstehen
was es flüstert in den lauen
sommernächten
ich hab mich so lang danach
gesehnt.«[3]

Gerhard Gundermann, Lausitzer Liedermacher

DER EINSIEDLERHOF IM WAADTLAND

Im selben Jahr erschien eine junge Amerikanerin im Dorf. Für mich war es Liebe auf den ersten Blick, und wir wurden ein Paar. Wir beide hingen an Hermes, der für mich den Archetypus des »alten Weisen« im Sinne Carl Gustav Jungs verkörperte; für meine Freundin war er gewissermaßen ein seelischer Wegweiser, ein Ersatzvater, der ihr half, die Wirrnisse einer ziemlich chaotischen amerikanischen Jugendzeit auszusortieren. Irgendwann hatten wir einen kleinen Streit, wie es bei Liebenden manchmal vorkommt, und sie verließ das Dorf. Das war für mich ein Anlass, den Weisen auf seinem Bergbauernhof im Jura-Gebirge aufzusuchen und ihn um Rat zu fragen. Als ich dort ankam, wer war da? Meine Freundin. Sie glaubte, ich sei ihr gefolgt, aber ich hatte wirklich nicht gewusst, wohin sie gegangen war. Der alte Hermes versöhnte uns und – um die Geschichte kurz zu fassen – er war es, der uns sozusagen vermählte. Das ist inzwischen lange her, so lange, dass unsere goldene Hochzeit vor der Tür steht.

Mehrere Wochen blieben wir auf dem Einödhof, dem »Michaelshof«, wie er ihn nannte. (Die Einheimischen der Gegend kennen den Ort als *Les Biolles.*) Es war, als seien wir in einer anderen Welt gelandet. Schon der Geruch in dem alten Wohngebäude war anders: Nichts Künstliches, nichts Chemisches mogelte sich an der Nase vorbei. Es duftete nach Herdfeuer, nach Kräutern, nach Stall und Heu. Das alte Haus, aus Jura-Kalksteinblöcken gebaut, befand sich mitten in einer großen Lichtung des kalkliebenden Buchenmischwaldes. Die Wiesen und Äcker der Waldlichtung waren die reinsten Kräuterwiesen: Quendel, Dost, Beifuß, Schafgarbe und andere Kräuter würzten die Luft. Da nie Gifte oder Kunstdünger angewendet wurden, begegnete einem eine farbige, summende Schmetterlings- und Käferwelt. Vögel zwitscherten dazu ihre Melodien.

Der Hof nestelte an einer leichten runden Erhöhung, einem »Druidenhügel«, auf dem mit Efeu umwundene Eichen, auch einige Ulmen, Birken, Bergahorn und Eschen wuchsen. Am Rand der Erhöhung gediehen Stechpalme, Haselnussstauden, Weißdorn, Eberesche und Wildrosen – alles Gehölze, die einst der keltischen Urbevölkerung heilig waren und in deren Baum- und Pflanzenkulten eine Hauptrolle spielten.[4] Eine mächtige Douglasie, die Hermes besonders mochte, war ebenfalls da. Im Schatten der Bäume lagen große,

3 Gundermann, Gerhard: *Das Liederbuch 1.* Berlin, Buschfunk Musikverlag 1995.

4 Zum Thema keltische Kultur und Pflanzen der Kelten siehe mein Buch *Pflanzen der Kelten*, AT 2020.

runde Findlinge, Steine aus Granit, nicht aus dem lokalen Kalkstein. Jemand muss sie, vor langer Zeit, herangeschleppt haben. Einige der Steine hatten tellergroße Aushöhlungen. »Das sind Schalensteine«, erklärte Hermes, »aus der Zeit der steinzeitlichen Hünengräber!«

»Darin wurden Pflanzensäfte als Opfer gegossen, kein Blut, sondern Pflanzensäfte«, ergänzte er wissend, als sei er persönlich dabei gewesen. Ich hatte an der Universität unter anderem Urgeschichte studiert und sogar unterrichtet, und tatsächlich schien dieser Ort eine Megalithstätte zu sein, ein Heiligtum jungsteinzeitlicher Bauern. Vorkeltisch also. Ein aufrechter, ungefähr drei Meter hoher Hinkelstein (Menhir) am Rande des Hügels unterstrich die Vermutung.

»Ja, der Michaelshof ist ein heiliger Ort«, erzählte Hermes weiter, »Mönche hatten hier einst Schafzucht betrieben, und im Mittelalter gehörte der Einsiedlerhof als Lehen zum Mysterienort Chartres. Deswegen bin ich auch mal nach Chartres, zur Kathedrale Notre Dame gepilgert.« Es sei ein tief bewegendes Ereignis gewesen, dort zu sein.

In Chartres hatte der König Karl der Kahle im Jahr 876 eine Kirche errichtet. Der Ort war aber schon in vorchristlichen Zeiten ein magischer Kraftort gewesen. Die Legende erzählt, dass keltische Druiden dort einst eine »Jungfrau, die gebären wird«, eine *Virgo partitura,* verehrten. Die Keltenpries-

Les Biolles.

ter hätten aus dem Holz eines Birnbaumes diese »Jungfrau unter der Erde« geschnitzt und neben den dortigen Brunnen aufgestellt. Der westfränkische König übergab dem zum christlichen Wallfahrtsort gewordenen Heiligtum eine der wichtigsten Reliquien der Kirche: das »heilige Hemd«, das Maria bei der Geburt des Christkindleins getragen hatte. (Anderen Überlieferungen zufolge sei es der Kittel gewesen, den die heilige Jungfrau anhatte, als Erzengel Gabriel ihr verkündete, sie sei schwanger mit dem Sohn Gottes.)

Am Abend holte Arthur Hermes eine Karte und ein Lineal hervor und versuchte zu zeigen, dass viele Kraftorte – Chartres, Carnac, Extern-Gesteine, Stonehenge, Glastonbury und andere – durch gerade Linien verbunden sind, auf denen ganze Reihen von Dolmen, Menhiren, Megalithen und Hünengräbern wie Perlen auf einer Schnur aufgereiht sind. Der Michaelshof, sagte er, liegt auf einem Kreuzungspunkt solcher Kraftlinien. Ganz konnte ich Hermes bei seinen Darlegungen nicht folgen, ich war mir nicht sicher, ob das, so schön es auch klang, nicht eine an den Haaren herbeigezogene Fantasterei war.

Rosen und Flieder

Über der handgeschnitzten Haustür wucherte eine Kletterrose, sodass man durch einen Rosenbogen hindurch über die Schwelle trat. Man kennt das ja aus Märchen und Sagen, dass Heiligtümer oft von Rosen umkränzt sind.

»Die rote Rose deutet die volle Verkörperung der Seele an«, belehrte uns Hermes, »die Inkarnation des göttlich Geistigen. Die fünf blutroten Blütenblätter erinnern an die fünf Wunden des Heilands, der mit vier Eisennägeln an das Erdenkreuz genagelt und mit einem Speer verwundet wurde. Sie erinnern an das eisenhaltige Blut – ›diesen besonderen Saft‹, wie ihn Goethes Mephistopheles nennt –, das es ermöglicht, dass sich der Geist an einen materiellen Körper binden kann. Die roten Rosen versinnbildlichen das Leiden, den Tod, aber auch die Erlösung. Die weiße Lilie dagegen symbolisiert die noch unverkörperte Seele. Deswegen erschien Erzengel Gabriel bei der Verkündigung, dass Maria schwanger würde, mit einer Lilie in der Hand. Die weiße, reine Blume symbolisiert das vom Himmel herabkommende, noch nicht verkörperte Christkind.«

Hermes widmete das Rosenspalier dem christlichen Mystiker und Alchemisten Christian Rosenkreutz, der angeblich im 17. Jahrhundert gelebt haben soll und über den Rudolf Steiner einmal eine Vortragsreihe gehalten hatte. Einige Anthroposophen halten Rudolf Steiner für eine Wiederverkörperung dieses Eingeweihten. Ich weiß nicht, ob Arthur Hermes das ebenfalls glaubte. Auf jeden Fall war mir das alles eine Spur zu esoterisch-mystisch, schließlich war ich naturwissenschaftlich geschult.

Druidenhügel neben dem Hof.

Der mittlerweile komplett umgebaute und durch weitere Gebäude erweiterte Hof.

Trat man durch die Tür, empfingen einen ungewöhnliche Gerüche, die wie ein Widerhall aus längst vergangenen Tagen in der Luft hingen. Der Gang und die Räume waren ziemlich dunkel, wie es in alten Bauernhäusern oft der Fall ist. Nischen und Schränke waren vollgestopft mit allem möglichen, von Staub und teilweise von Spinnengeweben bedecktem Kram – mit Kristallen, Wurzeln, Statuetten, Knochen, Geweihen und Tierschädeln, alten Büchern und vergilbten Skripten; auch Meeresfossilien, wie man sie gelegentlich in den Ablagerungen im Jura-Kalkstein findet, waren zu sehen. Vor den kleinen Fenstern des Wohnzimmers blühte in einem großen Topf eine Zimmerlinde und daneben eine stachelige, rotblühende Christrose.

Links neben der Haustür befand sich das Eingangstor zum Stall. Die beiden Kühe drinnen hatten die Namen von Flüssen: Elbe und Donau sollten Milch in reichlichen Strömen spenden.

An der Ostecke des Hauses stand ein alter knorriger Holunderbusch. Hermes verehrte den Holunder, der bei seinen altgermanischen Vorfahren der Frau Holle, der Mutter der Seelen, geweiht war. Er verehrte ihn so sehr, dass er jedes Mal, wenn er vorbeiging, ganz nach dem altüberlieferten Spruch »Vor dem Wachholder musst du das Knie beugen, vor dem Holunder den Hut ziehen«, seinen Hut zog. Aus den zu Mittsommer gepflückten Hollerblüten braute er seinen »Fliedertee«, der bei Grippe oder Erkältungskrankheiten zum Einsatz kam. Aus den reifen schwarzen Beeren des Strauchs kochte er jeden Herbst eine leicht mit Honig gesüßte, mit Zimt und Nelken gewürzte, tiefpurpurfarbene Suppe. Diese wurde mit Grießklößen verspeist. »Holunderbeerensuppe gibt Kraft und bereitet Leib und Seele auf die dunkle Jahreszeit vor!«, erklärte er. Ethnologen oder Volkskundler würden die edle purpurne Brühe durchaus als saisonale »Kultspeise« bezeichnen. Als ich sie bei ihm das erste Mal aß, machte das einen wahrhaft starken Eindruck, man könnte es fast als Rausch bezeichnen, so wie etwa die erste Zigarette, die man als Elfjähriger raucht, den ersten Kuss oder den ersten Sprung ins Meer.

Hermes sagte, im Flieder – so nennt man in Norddeutschland den Holunder – hält sich der Schutzgeist des Hofes gern auf; unter seinem Stamm gehen die Kobolde und Zwerge ein und aus. Der Hofholunderbusch ziehe alles Negative – Krankheiten und Flüche – an und leitet sie in die Erde hinab, wo sie unschädlich gemacht werden. Oder, bildhaft gesagt, wo sie im Kessel der alten Göttin landen und zerkocht werden. Man kann also Siechtum und Krankheiten an den Hofholunder hängen, um sie loszuwerden. Vor allem deswegen darf man keinen Zweig abbrechen oder den Fliederbusch beschneiden, denn dann könnte das Leiden wieder auf einen zurückspringen. Auch solle man den Baum der Holle nie selbst pflanzen, sondern sie sucht den Ort aus, an dem sie wachsen will.

Dann wäre noch die an den Stall angebaute Holzwerkstatt zu erwähnen, die Hermes und sein Sohn Haidfried errichtet hatten. An kalten Wintertagen, wenn es im Freien wenig zu tun gab, stellte die Familie dort Kinderspielzeuge her, die etwas Einkommen für den Selbstversorgerhof einbrachten. Kunstvolle Wandbehänge, Scherenschnitte, Perlenbänder und bewegliche Bilder fertigten sie an.[5] Dazu Puppen, Holzpferdchen und -kühe, alle sorgfältig geschnitzt und bunt bemalt. Das ganze Kasperlitheater war dabei, denn wie Hermes erklärte, lieben die Kinder das Puppenspiel, weil darin, wie in den echten Märchen, viel spirituelle Weisheit zu finden ist. Der lebensfrohe, lustige Kasper stelle eigentlich das menschliche »Ich« dar. Auch wenn Hexen, Drachen, Zauberer, das Krokodil oder böse Räuber hinter Kasper her sind, merkt er es meistens gar nicht, und egal wie fies sie sich anstellen, sie können ihm nichts antun. Die Kinder können sich mit ihm identifizieren. Zu Beginn des Theaters ruft er ihnen zu: »Seid ihr alle da?«

»Ja!«, schreien die kleinen Zuschauer aus voller Kehle, denn darauf kommt es ja im Leben an, dass man *da* ist. Im Hier und Jetzt *Da*-Sein! Die anderen, zum Kasperlitheater dazugehörigen Figuren verkörpern eigentlich – so Hermes – die Planetengötter. Der alte weise König ist der Jupiter, der gute Königssohn ist die Sonne, der Jäger ist der Mars, Gretel ist die Venus und die Bösewichte sind die Gefahren, denen der Mensch im Erdenleben ausgesetzt ist. Aber wie Kasper wird unser wahres Selbst diese Bedrohungen meistern und die Hexe, das Krokodil und sogar den Teufel veräppeln. Das ist Nahrung für die Kinderseele!

Neben unfertigen Spielsachen hingen da auch Teile von Geigen und völlig unbekannten Instrumenten, die der Sohn Haidfried nach planetarischen Gesetzmäßigkeiten schnitzte und anfertigte. Auch anspruchsvolle Plastiken, Gemälde und Stickereien waren noch zu sehen, als wir auf dem Michaelshof verweilten, denn Hermes verstand sich nicht nur als Bauer und Pädagoge, sondern auch als bildender Künstler.

Auf Bindfäden, die zwischen den Balken gespannt waren, hingen würzig duftende Bündel getrockneter Kräuter. Viel Brennnessel war dabei; die getrockneten Blätter kamen im Winter mit in die Suppe oder wurden als tonisch wirkender Tee – »Eisenhaltig! Mars!« – getrunken. Getrocknet kamen sie auch ins Tierfutter; sie gaben den Hühnereiern im Winter schöne gelbe Dotter und ließen das Fell des Pferdes glänzen.

Johanniskraut, das schon Paracelsus gegen »Würm, Wunden und *Phantasmata* (negative Einbildungen)« verschrieb, benutzte Hermes als Tee, um unordentlich wuchernde Gedanken, Wünsche und Vorstellungen zu ordnen und zu harmonisieren. Es sei die Sonne, die im Johanniskraut wirkt, »um wucherndes Mondhaftes zu dämpfen«. Besorgten Müttern verschrieb er das sonnige Kraut gegen das Bettnässen ihrer Kinder. Auch die himmelsblau blühende Wegwarte – seine Lieblingspflanze –, die als bittere Saturnpflanze gut auf die Verdauung und gegen Melancholie wirkt, wurde hier in Bündeln getrocknet.

Weitere Büschel bestanden aus Schafgarbe, deren Venus-Mars-Kraft nicht nur blutstillend und wundheilend wirkt, sondern auch sonst – als Tee genossen – »den Ätherleib mit dem Astralleib in eine ausgewogene Beziehung bringt«. Wie auch Kamille, Brennnessel, Löwenzahn, Eichenrinde und Baldrian gehört diese Bergwiesenblume zu den biodynamischen Kompostpräparatekräutern, die Hermes in aufwendigen Verfahren selbst herstellte.[6] Gegen Altersschwäche und Verkalkung benutzte Hermes den Ackerschachtelhalm, dessen Kieselgehalt (»Saturn«) mit dem Kalk (»Mond«) in gegensätzlicher, aber dynamischer Beziehung steht. Auch im Garten verwendete er eine Schachtelhalmabkochung gegen Mehltau und Braunfäule, die dem Blattgemüse bei feuchtem, nebeligem Wetter arg zuzusetzen vermag.

Der kleine Bruder des Todes

Die meisten Möbel im Haus hatten Hermes und sein Sohn in der Werkstatt selbst geschreinert. Darunter auch die Bettkojen aus Fichtenholz. Sie hatten hohe Seitenwände, waren eng, aber breit genug, sodass ein einzelner Mensch darin ausgestreckt liegen konnte. Die Kisten ähnelten eher Särgen, allein der Deckel fehlte. In so einem Gestell konnte man nicht neben der Freundin schlafen; auch war es kein Platz, wo man gern Müßiggang pflegte. Die Kisten sollten absichtlich einer Totenlade ähneln, denn, wie der Alte uns belehrte, ist der Schlaf der kleine Bruder des Todes. Während des Schlafes löst sich der Astralleib (die Seele) von dem stofflichen Körper und reist durch die Sphären der geistigen Welt; am Morgen, wenn wir aufwachen, kommt die Seele wieder in ihr körperliches Haus zurück. Auch beim Tod löst sich die Seele vom physischen Leib und reist in die andere Dimension. Anders als im Schlaf jedoch löst sich auch die Lebensenergie, der Ätherleib, vom Körper. Aber im Grunde ähneln sich der Schlaf und der Tod.

5 Abbildungen einiger der noch erhaltenen Kunstwerke finden Sie auf der Website https://www.andreas-schwendener.com/projekte/hermes.php (zuletzt abgerufen am 17. April 2023).

6 Siehe Wolf-Dieter Storl, *Der Kosmos im Garten*, AT 2022, Seite 272ff.

»Der Geist zieht aus dem Gestirn
seine Nahrung,
vergleichbar mit der Biene,
die aus der Blüte Honig saugt.«

Paracelsus

ZEITRÄUME UND PLANETENKRÄFTE

Wir halfen dem Alten bei seiner täglichen Arbeit. Es war vor allem Gärtnerarbeit oder irgendeine Reparatur am Dach oder im Stall. Meine Freundin Christine kümmerte sich derweil um die Küche und kochte, seinen Regeln folgend, das Mittagessen. Oft fragte er, ehe wir uns an den Tisch setzten, ob das Essen »mit oder ohne« gekocht wurde. Er meinte, mit oder ohne Liebe. Liebe – liebevolle Gedanken, Hingabe und Freude an der Speisezubereitung – sei die wichtigste Zutat, das wichtigste Gewürz, wichtiger als alle Inhaltsstoffe.

»Von den Männern lernen die Frauen das Kochen«, schmunzelte er. Christine war skeptisch. »Wie das?«, fragte sie.

»Liebe geht durch den Magen«, antwortete er, »Es ist wie bei den Tieren; wenn's schmeckt, ist er mit ihr zufrieden und frisst ihr aus der Hand. Sonst müsste sie ihr Kochen ändern.«

Jeder Tag ein Götterreich

Jeden Morgen bei Sonnenaufgang hing Hermes ein von ihm auf lichtdurchlässiges Pergamentpapier gemaltes, buntes Bild der jeweiligen planetarischen Gottheit, die den Tag beherrschte, ins Fenster. Am Montag schien das sanfte Morgenlicht durch das lilafarbene Bild der Luna, der Göttin des Mondes; am Dienstag war es das in roten Farben gehaltene Bild des kosmischen Kriegers Mars; am Mittwoch kam der in schillernden Farben leuchtende, zwittrige Merkur an die Reihe; am Donnerstag war es der in Safrangelb strahlende Jupiter; am Freitag die in Grün gekleidete, holde Venus; am Sonnabend der in Dunkelblau gehaltene Saturn, dessen Reich den Übergang zu den Fixsternen, den himmlischen Urbildern, markiert; und am Tag der Sonne erstrahlte das lichtvolle Bild des jugendlichen Sonnengottes in weiß-cremiger Farbe.

Die sieben sichtbaren Wandelsterne, die ihre Bahnen – von der Erde aus gesehen – vor dem Hintergrund der Fixsterne ziehen, waren für den alten Meister nicht materielle Körper, die sich nach den mechanischen Gesetzen der Schwerkraft, wie ein kosmisches Uhrwerk im All bewegen. Für ihn waren sie Zeiger der göttlichen Kräfte, die hier auf Erden, in den wandelnden Naturerscheinungen sowie in unserer Seele, in unseren Emotionen und Gefühlen wirken. So ähnlich hatte man es auch in der Antike und später in der Renaissance gesehen und empfunden. Die siderischen Kräfte wirken auch nicht »übersinnlich«, sondern – ob wir es wahrnehmen oder nicht – sie gehören zur Natur.

Planetensymbole aus der Werkstatt von Arthur Hermes.

Für Hermes war die Zeit auch kein endloses, lineares Abticken von chronologischen Einheiten, sondern sie bestand aus Zeiträumen, mit jeweils völlig anderen Qualitäten. So war es einst bei den alten indigenen europäischen Völkern gewesen, den Kelten und Germanen, die in »Zeit-Räumen« dachten. Die heidnischen Vorfahren des Arthur Hermes verehrten die Freya – der Name bedeutet »Herrin«. Als Herrin des als Bauernhaus imaginierten Weltengebäudes trug sie einen Schlüsselbund, mit dessen Schlüsseln sie die jeweiligen Räume der Jahreszeiten aufschloss. Die gelbblühende Schlüsselblume (Himmelsschlüssel) ähnelt einem solchen altmodischen Schlüsselbund, mit dem die Göttin das Tor öffnete, durch das der Frühling in die Welt eintreten kann.

Diese Zeiträume, diese Abfolge planetarischer Einflüsse, machten das Leben des Einöd-Hofbewohners aus, sie bestimmten seinen Tageslauf, seine Ernährung und sogar die Art des Holzes, mit dem er heizte, das Essen oder den Kräutertee kochte. Schauen wir den planetarischen Kosmos und das dazugehörige »planetarische Kochen« genauer an.

Die Tagesqualitäten

Mit jedem neuen Wochentag betritt man einen anderen »Planeten«, einen Zeitraum, in dem eine jeweilige Planetengottheit herrscht.

Tag der Luna: Für Hermes war der Montag nicht irgendein beliebiger Tag, sondern man befand sich an diesem Tag im kühlen Reich des silbernen Mondes. An diesem Tag sammelte der alte Meister Kräuter und aß Gemüse, welche die Signatur des Mondes haben. Zum Mondgemüse gehörten alle wässrigen, aufgedunsenen, schlingpflanzenähnlichen Gewächse wie Gurken, Melonen, Kürbis, Malven, Kohl, Zichorie, Abelmoschus, oder auch solche, die Milchsaft enthalten, wie Kopfsalat, Schwarzwurzeln oder Haferwurzeln.
Als Getreide gehört der Reis, der bekanntlich im Wasser wächst, zum Mond, wie auch jene Heilpflanzen, die auf die Fortpflanzungsorgane und auf das Hirn wirken.
Am Tag der Mondgöttin wurde mit »Mondholz«, also mit dem Holz von Bäumen, wie etwa Weide, Pappel oder Kirschbaum, gekocht und geheizt. Es sind Bäume, die entweder in Feuchtgebieten und Auwäldern wachsen oder weiches, weißes Holz haben. Im Gegensatz zum trockenen Saturn gilt der Mond ja als feucht und weiß wie Käse.

Tag des Mars: Am Dienstag[7], dem Tag des roten Planeten, feuerte Hermes seinen Herd mit Eichenholz an. Nun kamen die Marsgemüse an die Reihe; das waren die rotfarbenen Rüebli (Karotten), Radieschen und Randen (Rote Bete), solche mit Pfahlwurzeln, Stacheln und spitzen Dornen, wie etwa Artischocken, Kardy (Gemüseartischocke), Brennnesseln, oder solche mit hitzigem Geschmack: Rettiche, Kren (Meerrettich), Senf, Chilipfeffer, Paprika oder Lauch (Porree). Im Beerenobst, wie Himbeeren, rote Johannisbeeren, Preiselbeeren und Erdbeeren, die alle günstig auf das Blut wirken, sah er ebenfalls den Mars am Werk.
Zu den Marskräutern, die er an diesem Tag sammelte, gehörten wundheilende Pflanzen, blutstillende oder blutbildende Kräuter, und auch solche, die die Galle anregen, denn diese Drüse ist der Sitz des kriegerischen Planeten im Mikrokosmos.

7 Dienstag (englisch *Tuesday*, skandinavisch *Tirsdag*, schweizerdeutsch *Zischtig*) wurde benannt nach dem germanischen Himmelsgott *Tiv* oder *Ziu*, dem Hüter des wahren Wortes. Er wurde von den Römern mit Mars gleichgestellt, deswegen heißt der Wochentag im Französischen *mardi*, im Spanischen *martes*, im Lateinischen *dies Martis*.

Das Getreide, das die stärkste Marssignatur besitzt, sei die Gerste. Aber auch der Hafer hat ein bisschen martiale Qualität: »Der Hafer sticht«, sagt das Sprichwort; mit Hafer gefütterte Pferde sind übermütig und feurig. Das edle Reittier der Ritter gilt übrigens als typisches Marstier.

Tag des Merkur: Am Mittwoch (englisch *Wednesday* = Wodanstag), am Tag des grenzüberschreitenden Götterschamanen und Heilers, sammelte Arthur Hermes die meisten seiner Heilpflanzen, vor allem aber die Lungenheilkräuter, denn im menschlichen (und tierischen) Mikrokosmos beherrscht der quicklebendige Merkur die Atmungsorgane. Zu den Merkurgemüsen gehören alle, die schnell wachsen oder schleimig sind. Das an Vitamin-C äußerst reiche Burzelkraut (Portulak), Knollenfenchel, Zwiebel, Abelmosch (Okraschoten) und Gemüsemalven sind mit dabei. Auch Petersilie und Pilze zählte der alte Druide zu den Merkurpflanzen. Es mag verwundern, dass Hermes auch die Tomate dem Merkur zuordnete, das aber, weil sie als triebig und schnell wachsend gilt. Das Holz dieses Planeten ist vor allem das der Ulme, ein Baum, den man damals im Schweizer Jura häufig antraf, denn das Ulmensterben hatte dieses Gebirge noch nicht erreicht. Auch die Haselnuss ist ein Merkurbaum.
Die Hirse gilt als Merkurgetreide. Aber auch der Hafer, denn, wie Hermes sagte, gehören Hafergerichte und Haferbrei (*porridge*) zu den Lieblingsgerichten der Nordvölker, die Wodan/Odin verehrten.

Tag des Jupiter: Den Donnerstag weihten einst die Römer dem donnernden, Blitz tragenden Götterkönig, dem Jupiter, dem Gott der Reife, des Wohlstandes und der Weisheit. Für die Germanen war es Donar beziehungsweise Thor, der diesen Tag beherrschte. Am Tag des Donnergottes hielten die indigenen Völker Europas einst ihre Ratsversammlungen unter alten Eichen, in der Hoffnung, dass ein Gedankenblitz sie zu wahren Einsichten führen möge.
An dem Tag erntete und verspeiste, säte oder pflanzte Hermes die aromatisch-würzigen oder süßlichen Jupitergemüse, wie Pastinaken, Schwarzwurzeln, Gelbe Möhren oder Klettenwurzeln. Als Jupiterkräuter kamen jene Heilpflanzen in Betracht, die den Leberstoffwechsel fördern, wie etwa Mariendistel, Nelkenwurz, Schöllkraut oder Löwenzahn.

Für den alten Druiden waren es vor allem Jupiterbäume, wie der Ahorn oder die Eiche, deren Holz am Donnerstag zum Heizen und Kochen verwendet wurde. Auch Obst- und Nussbäume gehören diesem Planeten, denn Jupiter ist Gott der Ernte, des Ernte-reichtums und des Genusses. Äpfel, Aprikosen und Weintrauben gehörten ihm ebenfalls.
Das Getreide des Jupiters oder Donar ist, nach anthroposophischer Sichtweise, der Roggen. Aber auch die Gerste hat joviale Qualitäten; der Gewittergott ist nämlich der Herr des Bieres und der berauschenden Gebräue.

Tag der Venus: Am Freitag, dem Tag, welcher der beliebten Freya, der Göttin der Lebensfreude und Fruchtbarkeit geweiht ist, kamen bei Arthur Hermes die grünen, zarten Gemüse in die Pfanne oder in den Kochtopf, wie etwa Erbsen, Kefen (Zuckererbsen), Blattgemüse, Spinat, Grünkohl, Zuckerhut, Chicorée, Brechbohnen oder Spargel. Venerische Gewürzkräuter sind zum Beispiel Schnittlauch, Liebstöckel oder Petersilie, die oft einen Bezug zum Liebesleben haben.
Gleichzeitig sammelte er an diesem Wochentag die kühl-lindernden, »venerischen« Heilpflanzen für urogenitale Beschwerden, wie etwa die einheimische Goldrute, Birkenblätter oder Ackerschachtelhalm. Als Holz für das Kochen und zur Teezubereitung kam Birkenholz in Betracht.
Die Hirse und wiederum auch der Hafer gelten als das Getreide dieses Tages.

Tag des Saturn: Am Sonnabend, dem Tag des alten Planetengottes Saturn, waren die bitteren und salzig schmeckenden Gemüse an der Reihe: Sellerie, Mangold, Fuchsschwanz, Rapunzel-Glockenblume, Rote Bete oder die Melde. Dunkle oder bläuliche Gemüse, wie der Blaukohl (Rotkraut) oder der Schwarze Rettich kamen dann ebenfalls in den Topf. Dunkelblaue, purpurne Früchte, wie Pflaumen, Brombeeren oder Heidelbeeren (Blaubeeren) sind, nach Aussage des Meisters, ebenfalls saturnische Gewächse, wie auch der blau blühende Flachs. Die Saturnsphäre am äußersten Rand der sichtbaren Welt ist das blaue Himmelsgewölbe. Diese Sphäre gilt als der Übergang zu den Fixsternen, den kosmischen Urbildern.
Als saturnische Heilpflanzen gelten solche wie der Borretsch, der das Gemüt aufheitert, Heimweh und Melancholie vertreibt

und den »Blues« stillt. Dem Planeten gehören auch Knochenheiler wie der Beinwell. Oder auch der spröde Schachtelhalm, der ebenfalls das Knochengewebe heilen kann. Saturn ist nämlich der »Knochenmann«. Er gilt als der schwere Planet, Blei ist sein Metall. Deswegen ist der Mais sein Getreide, denn im Gegensatz zu den anderen Getreidegräsern, deren Ähren leicht sind und sich am oberen Ende der Halme befinden, ist es, als rutschen die Maiskolben wie von der Schwerkraft angezogen den Stängel hinab; nur die männlichen Staubblüten bleiben oben an der Spitze der Pflanze. Das Holz, mit dem an diesem Tag Herd und Ofen befeuert wurden, war Tannen-, Fichten oder Buchenholz.

Tag der Sonne: Im christlichen Kulturkreis wird die Sonne mit dem Seelenheiland, mit dem »Licht der Welt« verglichen. Sonntag ist Tag der Ruhe und Besinnlichkeit. Zu Hermes seiner Sonntagsnahrung gehörten die feineren, weißen Gemüse, wie der Blumenkohl, Weißkohl, Teltower Rübchen, Mairübchen und frischer Zuckermais, aber auch solche, die schön gelb blühen und stärkend wirken, wie Topinambur (Knollensonnenblume).
Weizen war das Getreide des Tages. Weizen, aus dem das Brot gebacken wurde, das Jesu beim letzten Abendmahl brach und sagte: »Das ist mein Leib, der für euch hingegeben wird.«
Das Holz der Esche, das heiß, sauber und hell brennt, ist das Sonntagsholz.

Ein Hinweis: Dass einige Gemüse und Holzarten mehreren Planeten zugeordnet werden, ist kein Versehen. In jeder Pflanze, wie überhaupt in jedem Gegenstand, sind – so die Naturphilosophie der Renaissance – alle sieben Planeten anwesend. Die jeweilige Zuordnung bezieht sich auf den Planeten, der darin dominant hervortritt.

Die vom Kosmos einstrahlenden Planetenenergien werden von der Vegetation aufgenommen. Wenn man die Pflanzen verzehrt, gehen sie auf den Menschen über. Durch ihren Duft, ihren Geschmack und ihre Energien haben die Kräuter und Gemüse ihre spezifische Wirkung auf die Organe. Auch die in verschiedenen Holzarten gespeicherte charakteristische Wärme wirkt auf unseren Organismus ein. Für Hermes war das alles keine bloße Idee, keine intellektuelle Abstraktion, sondern vor allem ein sinnlich erfassbares Phänomen. Man kann die Planeten förmlich sehen. Die primären Farben, das feurige Rot, das sanfte

Gelb und das umhüllende Blau, gehören den obersonnigen Planeten. Arthur Hermes erklärte: Wenn man Kirschen oder rote Äpfel isst, isst man den Mars; wenn man gelbe Birnen oder Mirabellen isst, isst man den Jupiter, und bei Brombeeren und Heidelbeeren verspeist man den Saturn.

Man kann die Planetensignaturen nicht nur sehen, man kann sie sogar riechen. Das wurde mir klar, als er den großen Blumengarten, den ich in der Gemeinschaft an der Rhone angelegt hatte, besuchte. Mitten in der Blütenpracht befand sich eine drei Meter hohe Hanfpflanze. Das imposante Gewächs war ja zur damaligen Zeit »illegal«. Ich hatte nicht im Sinn, ihre Blüten und Blätter zu rauchen, sondern hatte sie gepflanzt, weil die *Cannabis*-Pflanze eine positive Ausstrahlung auf die umgebende Vegetation hat; sie ist für ihre Umgebung so etwas wie ein Beschützer, hält Schädlinge fern und erhöht allgemein die Lebensenergie des Gartens. Überhaupt, dachte ich, was für eine blöde Idee, wie kann eine Pflanze, ein Geschenk der Götter, illegal sein? Dieses Gewächs hätte zwar eine ergiebige Hanfblütenernte eingebracht, aber ich war bei den Anthroposophen, und für diese sind sogenannte »Drogen« absolut tabu. Bewusstseinsverändernde Substanzen gelten als luziferische Versuchungen; sie würden uns vom spirituellen Pfad abbringen. Als ich mit dem alten Zauberer, dessen Augen nicht mehr die schärfsten waren, durch die Blumenbete lief, begann er die Luft zu schnuppern. Da er die aromatische Staude nicht gleich sah, fragte er, woher dieser wunderbare saturnische Duft herkomme.

»Hanf«, sagte ich.

»Wunderbar! Echter Saturn!«, kommentierte er. »Da finden mondhafte, zersetzende Kräfte keinen Platz.«

*»Sage mir, was du isst,
und ich sage dir,
was du bist.«*

Jean A. Brillat-Savarin, Psychologie des Geschmacks

ESSEN IM JAHRESKREISLAUF

Um mit den kosmischen Schwingungen im Einklang zu leben, gilt es aber nicht nur den wöchentlichen Siebentagerhythmus in der Pfanne oder im Kochtopf nachzuvollziehen, sondern auch den jahreszeitlichen Rhythmus der Natur. Indem man isst, was die jeweilige Jahreszeit zu bieten hat, wandert man kulinarisch im Einklang mit der Sonne durch den Tierkreis. Im Frühjahr also, um den Körper nach langer Winterkost zu entschlacken und von den Symptomen eines subklinisch-skorbutischen Zustands – Frühjahrsmüdigkeit, sensitives Zahnfleisch, oxidativer Stress – zu befreien, gilt es, die aus der Erde sprießenden, frisch grünen, vitaminreichen Wildkräuter und -salate zu sammeln, die den Stoffwechsel und die Drüsenaktivität anregen. Im Frühjahr am Morgen sah man den Alten über die taunasse Wiese und durch den Garten laufen und dabei sich immer wieder bücken, um seinen Korb mit vielen »Unkräutern« zu füllen.

Im Frühling Leckeres aus Wiese, Wald und Acker

Wenn sich auf den Weiden noch nichts regt und Frost den Boden noch heimsucht, kommen als Erstes die fettigen, runden Blätter des Scharbockskrauts zum Vorschein. Dieses kleine Wildkraut, das den »Scharbock« (Skorbut) vertreibt, kann man ernten, bis es seine glänzenden gelben Blüten hervorbringt, danach wird der Geschmack stechend scharf. Das Grün der Barbarakresse (Barbarakraut) und die nach frischen, milchreifen Maiskolben schmeckende Vogelmiere – eine regelrechte »Vitaminbombe« – sind ebenfalls früh vorhanden. Es folgen die jungen Triebe des Löwenzahns, die die Drüsen anregen, die Leber putzen und den Gallenfluss treiben. Den jungen Giersch (Geißfuß) mit seinem möhren- oder sellerieartigen Geschmack sammelte der alte Einsiedler für Suppe und Salat, hinzu kamen Schafgarbenblättchen, Quendel, Sauerampfer, Spitzwegerich und etliche andere. Wenn möglich, wurden die Salate mit Blümchen – Gänseblümchen, Malvenblüten, Gundermannblüten, delikate, rosafarbene Wiesenschaumkrautblüten und Löwenzahnblüten – garniert.

Aus dem Wald kamen in diesen Tagen Bärlauchblätter (Ramser), etwas später die nach Senf schmeckende Zahnwurz und auch der zarte, säuerlich schmeckende Sauerklee. Die ganz zarten, frisch ausgeschlagenen, hellgrünen Buchenblätter eignen sich ebenfalls für die Salatschüssel oder den Suppentopf. Junge Hopfentriebe wurden wie Spargel gekocht.

Blick auf den Wald von Les Biolles.

Spaziergang mit A. Hermes auf Les Biolles.

Vom Waldrand holte sich Arthur Hermes Brennnesselgrün und den Knoblauchhederich. Am Wegrand pflückte er Wegmalven, die ein schleimiges, magenschonendes Gemüse hergeben, Taubnesseln und den jungen Hohlzahn, der viel Kieselsäure enthält. Hinzu kamen die jungen Triebe der wilden Wegwarte, ein leicht bitteres Salatgemüse, mit guter Wirkung auf die Leber. Im 16. Jahrhundert züchteten niederländische Gärtner aus diesem Korbblütler den Brüsseler Chicorée, den Zuckerhut und die Endivie und italienische Gärtner den Radicchio.

Die umliegenden Wiesen, Weiden und Äcker boten dem Bergbauern ein ganzes Füllhorn an vitamin- und mineralreichen gut schmeckenden Kräutern: Da sammelte er die Blätter der Bibernelle (*Pimpinella*) und auch die des Wiesenknopfs (*Sanguisorba*), dessen Blätter der Bibernelle ähnlich sehen, aber einen gurkenartigen Geschmack haben. Aus den jungen Huflattichblättern wurden Rouladen gemacht – selbstverständlich ohne Fleischfüllung. Huflattichrouladen waren übrigens eine Lieblingsspeise Goethes. Der Spitzwegerich und der Mittlere Wegerich wuchsen zwischen dem sprießenden Gras. Diese Wegeriche sind das ganze Jahr als Wildgemüse vorhanden; der Spitzwegerich ist bekannterweise zudem ein hervorragendes Wundheilkraut und wirkt, wie der Huflattich, als verlässliches Hustenmittel. Die noch zarten Frühlingsblätter des Frauenmantels und des Gänsefingerkrauts verschmähte der alte Bergbauer ebenfalls nicht. Ab und zu, ehe sie austrieben, grub der Selbstversorger auch die Wurzeln des Wiesenbockbarts – eine Art wilde Haferwurzel –, die leicht nach Austern schmecken soll und deswegen in Amerika *Oysterplant* (Austernpflanze) heißt.

In Feuchtgebieten weiter unten im Tal gab es Bachehrenpreis (Bachbunge), die zarten rötlichen, jungen Blättchen des Mädesüß, mit dem man würzen kann, und Brunnenkresse.

Nützliche »Unkräuter« aus dem Garten

Im Garten wucherten im Frühjahr viele nützliche Begleitkräuter, die entweder als Medizin verwendet wurden oder als wertvolles Wildgemüse. Da war der Feldsalat, auch Nüsslisalat genannt, der – auch wenn er in Blüte schießt – noch zart ist und mild schmeckt. Das stark wuchernde Franzosenkraut, auch Knopfkraut genannt, ein Schreck für die Gärtner, ist ebenfalls gut essbar. In Südamerika, wo es herkommt, ergibt es in Hühnerbrühe gekocht ein sehr beliebtes Gericht. Das saftige, wärmeliebende Burzelkraut (Portulak), das sich gern auf den Gartenwegen breit macht, ist ein edles Salatkraut, das in vielen Ländern sogar auf den Gemüsemärkten verkauft wird. Ein weiteres wertvolles Wildgemüse, das sich die Gartenwege mit dem Burzelkraut teilt, ist der

Breitwegerich; die Blätter sind essbar, und die Samen lassen sich gemörsert mit ins Brot backen oder im Haferbrei kochen. Das an Vitamin C reiche Löffelkraut, obwohl es ursprünglich im Garten gepflanzt wurde, wuchs ebenfalls freudig auf den Beeten. Auch die heutzutage bei den erfolgreichen Millennials beliebte Rauke (Rucola) erhob ihre Sprossen in den noch nicht bestellten Gartenbeeten und wurde als feines Gewürz verwendet. Wildkressen, Hirtentäschel, der menschenfreundliche Gundermann (Gundelrebe), das Ruprechtskraut (Stinkender Storchenschnabel) dienten ebenfalls als Würze.

Kulinarischer Jahreskreis

Nach dem Frühjahr folgten in der Küche des Michaelhofs all die blutbildenden Blattgemüse, die der Sommer hervorbringt. Auch das Sammeln energiespendender Beeren – Erdbeeren, Stachelbeeren, Johannisbeeren – begann dann.

Im August wurden die Erdäpfel (Kartoffeln) geerntet. Zusammen mit Getreide sind sie in Mitteleuropa das wichtigste Grundnahrungsmittel. Da kein Wurzelkeller vorhanden war, verstaute Hermes diese wunderbaren Gaben der Natur in Erdmieten.

Nach dem Erntemonat geht es allmählich hinüber in die herbstliche Obsternte. Die sonnengereiften Früchte laden den Körper mit Vitalstoffen auf und mobilisieren die Abwehrkräfte, die für die kommende kalte, nasse Jahreszeit notwendig sind. Eine würzige Holundersuppe, die Gabe der alten Erdgöttin, der Frau Holle, durfte im Herbst auf keinen Fall fehlen.

Mit dem Gang der Sonne in die niederen Tierkreiszeichen werden die Tage kürzer. Nun zieht sich die Lebenskraft immer weiter in den Erd- und Wurzelbereich zurück. In den kommenden kalten Wintertagen sind es dann besonders die kalorienreichen Nüsse, Samen, Knollen und Wurzeln, die dem Körper die notwendige Wärme geben.

Die Wurzeln der wilden Pastinaken wie auch weitere Wildgemüse, etwa die nahrhaften Klettenwurzeln, Haferwurzeln und Nachtkerzenwurzeln, erntete der Alte im Herbst. Letztere wird auch Schinkenwurzel genannt, da ihre Pfahlwurzeln äußerlich rosa wie gekochter Schinken aussehen. Nun schenkt der Garten auch Sellerieknollen, Rote Bete, Rettiche, Möhren, Petersilienwurzeln, Topinambur und Schwarzwurzeln.

Importierte Gewächshaussalate oder frische Erdbeeren im Winter waren Hermes ein Zeichen der Entfremdung der modernen Menschen von der Natur. »So etwas chaotisiert die fein abgestimmten inneren Sinne. Zudem ist das ökologisch keineswegs vertretbar, wenn man bedenkt, wie viel Fremdenergie dafür aufgebracht werden muss! Und wie viele Fungiziden, weil sich die Natur mittels Schimmel und Mehltau gegen solche Abnormitäten wehrt!«

Pilze und Nachtschattengewächse

Mit der abnehmenden Tageslänge werden in der Küche die Speisepilze zunehmend wichtig. Um nur einige zu nennen: Steinpilze, Maronen, Pfifferlinge, Rotfußröhrlinge, Birkenpilze, Egerlinge, Flaschenstäublinge, Frauentäublinge, Schopftintlinge und die auf den abgegrasten Weiden wachsenden Parasolpilze, die paniert und in der Pfanne gebraten wie Wiener Schnitzel schmecken. Wie viele anthroposophisch angehauchte Gemüter war Arthur Hermes jedoch nicht besonders pilzfreundlich. Als Sachse war ich damit gar nicht einverstanden. Käme er aus Osteuropa, dann wäre es sicherlich anders, denn im Osten, insbesondere in den slawischen Ländern, sind Pilze fast heilig. Hermes' Lehrmeister, Rudolf Steiner, verstieg sich sogar, indem er einst sagte: »Pilze sind ungemein schädlich, sie enthalten hemmende Mondkräfte und alles, was auf dem Mond entstanden ist, bedeutet Erstarrung.«[8] Auf dieser Pilzfeindlichkeit beruht teilweise auch die Ablehnung von geistigen Getränken, denn es sind Hefepilze, die für die alkoholische Vergärung zuständig sind. Im Gegensatz zu grünen Pflanzen und sonnengereiften Früchten gehören die Pilze zu den abbauenden, zersetzenden, die Dunkelheit bevorzugenden Organismen.

Auch mit den Nachtschattengewächsen tut sich die anthroposophische Ernährungslehre schwer. Tomaten seien geil wuchernd, ungezügelt, stickstoffgierig. Man hatte ja bis ins 19. Jahrhundert geglaubt, sie seien, wie ihre Verwandten, die Tollkirsche oder das Bilsenkraut, giftig. Auch Aubergine, Paprika und die Kartoffeln kommen in der anthroposophischen Lehre nicht besonders gut weg. Kartoffeln entwickeln sich pilzähnlich im Dunklen des Erdbodens. Die Kartoffel ist eigentlich ein unterirdischer Stängel, wobei der »Mondenprozess« zurückhält, was sonst oberirdisch und sonnenhaft sein sollte. Die im nördlichen Europa so beliebte Knolle, die relativ spät aus Amerika zu uns kam, mache dumm; sie wirke auf den Kopf, auf das Sinnes-Nervensystem und verdunkle den Verstand. Die Arbeiterheere und Massenarmeen wurden mit Kartoffeln, die pro Hektar mehr Kalorien und Nährstoffe liefern als Getreide, ernährt. Mit dem Übergang zum Kartoffelessen verdunkelte sich der Geist der europäischen Zivilisation, der Materialismus nahm überhand.

Trotz der Lehre seines Meisters Steiner war Hermes Mitteleuropäer genug, um die Knolle gern zu essen. Für die Mahlzeit sollte man sie nicht schälen; man solle sie ins kochende Wasser legen und nur kurz kochen. Dann sollte man sie in schmale Streifen schneiden und in Öl braten. Warum man das so machen müsse, habe ich vergessen ihn zu fragen.

8 Rudolf Steiner, *Vorträge 1904–1909*, Dornach, Seite 558.

Das Brotgetreide war für Arthur Hermes heilig. Die Sonne selber verkörpere sich im Korn, und in dem strahlenden Licht des Tagesgestirns offenbare sich der kosmische Christus. Dieser Christus war weniger der Jesus der Theologen als vielmehr der altüberlieferte Sonnengott, der Sohn des Himmelsvaters und der Erdmutter. Getreide, vor allem der genetisch wenig überzüchtete Dinkel, auch Emmer oder Einkorn, seien dem Licht zugewandt, sie reifen zu goldenen Nuggets heran, die als Grundnahrungsmittel unseren Geist unterstützen.

Im Herbst, nach der Herbsttagnachtgleiche, am Tag des Erzengels Michael (29. September), vollzog Hermes eine heilige Handlung. Er säte das »Michaelskorn« von Hand, das Korn (Winterroggen), aus dessen Mehl er das Jahr über sein Brot backen würde. Zuvor hatte er den Acker mit seinem Ross gepflügt und geeggt – eine Maschine käme dafür niemals in Betracht. Wie die ersten Bauern hing er den mit einer Schlaufe befestigten Sack mit dem Saatkorn um seinen Nacken und streute mit gekonntem Handwurf die Saat auf den Acker. Bei jedem Wurf konzentrierte er seinen Geist auf den Sonnenchristus, den Heiland, der sich im Korn und im Brot pflanzlich verkörpert, und auf die Mutter Erde.

Das Pflügen war ihm ebenfalls eine heilige Handlung. Es gibt ja alternative Biogärtner und Biobauern, die den Boden nur oberflächlich lockern und das Pflügen und Umgraben ablehnen, denn, so meinen sie, das würde die Bodenhorizonte durcheinanderbringen und die darin enthaltenen Mikroorganismen töten. Für Hermes war das Spinnerei. »Der Boden muss chaotisiert werden«, proklamierte er, »seine Strukturen müssen aufgelöst werden, denn nur so können die Sternenkräfte in ihn eindringen!« Das in den frischgepflügten Acker gesäte Wintergetreide kann somit die kosmischen Bildekräfte aufnehmen. Die vor dem Winter umgebrochene Scholle entwickelt dann nicht nur die gewünschte Bodengare, sondern empfängt die formgebenden Kristallkräfte des hohen Kosmos; es sind die Kräfte, die sich auch in den feinen Kristallen der Schneeflocken und des Frosts offenbaren. Um es modern zu sagen, die Sternenimpulse »programmieren« sozusagen den Boden, und was sie einprogrammiert bekamen, kommt im nächsten Jahr im Pflanzenwachstum zum Ausdruck. Kunstdüngersalze, so Hermes, erschweren es dem Boden und den Pflanzen, diese kosmischen Impulse aufzunehmen.

Was für das Pflügen gilt, gilt auch für das Hacken der Gartenbeete: Damit öffnet man den Boden den gegenwärtig einströmenden kosmischen Kräften. Ein originelles Hermes-Zitat habe ich mir diesbezüglich aufgeschrieben: »Nur die Region des Lebensäthers (der oberen Schicht der Scholle) muss umgedreht werden, um den verbrauchten irdischen Lebensäther zu ›kosmisieren‹ und den kosmischen Äther zu ›verirdischen‹.«

Schollentreue

Zu den verschiedenen Themen, die Hermes ansprach, gehörte der heute kaum mehr verstandene Begriff der »Schollentreue«. Ich hatte jedenfalls nie davon gehört. Die Menschen – sagte er bedauernd – werden zunehmend von ihrer heimatlichen Erde abgespalten, denn ihre Nahrung kommt aus aller Herren Länder. Weizen aus Kanada, Mais aus Amerika, Bananen aus Mittelamerika, Masthühner, die mit Fischmehl von der Küste Perus gefüttert wurden, Steaks aus Argentinien, zur Weihnachtszeit eingeflogene Erdbeeren aus Chile, unter Plastik gezogenes Gemüse aus Spanien und Marokko – all das entfremdet den Menschen der eigenen Scholle.

Wie anders ist es, wenn man den eigenen Boden pflügt, düngt und bepflanzt, die eigenen Samen von der letzten Ernte oder die eigenen Saatkartoffeln wie ein Heiligtum aufbewahrt und den Acker mit dem eigenen Schweiß, mit Gebet und Hoffnung bestellt. Es ist die Arbeit mit der Erde, die den Leib nährt und kräftigt und den Geist läutert. Dieser Erde, die unsere Äcker und Weiden ausmacht, verdanken wir unser Leben; sie ist uns treu, und wir sollten mit ihr in Treue verbunden sein.

Schollentreue! Man solle als Nahrung nehmen, was aus der eigenen Scholle, dem Erdboden unter den Füßen, kommt. Damit verbindet man sich mit den Naturgeistern der Umgebung, mit jenen Geistern, die der Mutter Erde und dem Sonnenchristus dienen. Das gibt Kraft und Beständigkeit. Und wenn die Vorfahren in dieser Erde bestattet sind, dann ist es umso leichter, ihre Hilfe zu erfahren und mit richtigen »Ahnungen« beschenkt zu werden.

Da diese innige Liebe zum eigenen Land dem modernen Menschen fremd geworden ist, hat er keine wirklichen Wurzeln mehr. Er reist hierhin und dahin, macht Urlaub in exotischen Ländern und ist nicht mehr im Einklang mit dem Rhythmus der Natur, die ihn umgibt. Mangos und Ananas zu Weihnachten – so Hermes – sind etwas Abartiges, und: »Der Mensch ist nicht prädestiniert, Erdbeeren im Winter zu essen!«

Ich konnte seiner Ansicht durchaus folgen. Sie war mir sympathisch. Die Amisch, die autark lebenden, Pennsylvaniadeutsch sprechenden Bauern, die ich im ländlichen Ohio als Junge kannte und die jede moderne Technologie ablehnen, haben ähnliche Ansichten. Auch sie waren mir sehr sympathisch, sie beeindruckten mich. Dennoch bin ich ein moderner Mensch und reise gern. Ich habe auch keine Bedenken, was Flugreisen betrifft, das sind Abenteuer, die uns unsere Zeit bietet.

Übrigens glaubte Hermes, dass die Leute, die da oben hoch über den Wolken fliegen, verrückt werden würden. Das kann doch nicht anders sein! Bei der Höhe, in der nicht einmal ein Vogel fliegt, und bei der Geschwindigkeit! Er fragte mich, ob das so wäre, denn ich war ja, wie er wusste, öfters geflogen.

Ja, antwortete ich, etwas *gaga* werde man schon, besonders bei interkontinentalen Flügen über mehrere Zeitzonen hinweg. Aber die Passagiere merken es meistens nicht. Dann ist ja auch der Zeitverschiebungskoller, Jetlag genannt, und man hat den Eindruck, dass es eine Zeit braucht, bis die Seele den Körper wieder eingeholt hat. Auf keinen Fall, kommentierte er, sollte man im Flugzeug schlafen, denn beim Schlaf löst sich der Astralleib vom Körper und könnte sich im Düsengetriebe verheddern.

Ähnliche Probleme wie der Mensch, wenn er aus aller Herren Länder seine Nahrungsmittel einführt, hat das Vieh mit importiertem Futter. Die Tiere sollten fressen können, was da unmittelbar auf dem Hof und dessen Weiden wächst. Denn ein Bauernhof ist wie ein lebender Körper, mit inneren Kreisläufen. Die Hühner, Enten, Schweine, Schafe und Rosse sind wie Organe dieses »landwirtschaftlichen Organismus« oder, wie es heute heißt, des lokalen Ökosystems. Die Herbivoren fressen das Grünzeug, das vor ihrer Nase wächst. Dabei stimmt sich der komplexe Verdauungsapparat eines Wiederkäuers auf die Bodenorganismen und die lokale Vegetation ein. Der resultierende Mist ist voller Botschaften und Rückmeldungen an das Ökosystem. Ein Dialog findet zwischen Boden, Futterpflanzen, Mikroorganismen und dem Tier statt. So bleibt die Gesundheit des Systems erhalten und auch die Gesundheit der dort ansässigen Menschen. Da braucht man weder Arzt noch Tierarzt

Wandbehang, hergestellt von Hermes' Frau Katharina.

noch Pharmachemie. Soweit ich weiß, musste Hermes nie einen Tierarzt an den Hof rufen, und die Geburt der Kälber verlief ohne Komplikationen.

Helfende Elementarwesen

Indem man sich mit den Pflanzen ernährt, die im eigenen Garten und Feld wachsen, ist es auch leichter, eine gute Beziehung zu den lokalen Naturgeistern herzustellen. Hermes arbeitete ganz absichtlich mit diesen Wesenheiten. Sie haben keinen physischen Körper, sondern einen energetischen Leib; sie sind Teil des Ätherleibes der Erde und folgen den Anweisungen der Engel. »Im Blatt«, erklärte er, »sind die sogenannten Undinen, also Wassergeister und Nixen, am Werk. In den Blüten sind die Sylphen, die Luftgeister, aktiv; die Samen und Früchte könnten sich nicht entwickeln, ohne das Wirken der sogenannten Salamander, der Feuergeister. Und an der Wurzelbildung sind die Wurzelgeister, die Gnome, beteiligt.« Die Undinen und Sylphen seien eher träumerisch, sagte er, aber die Gnome, die Zwerge, seien hochintelligent; aus ihrer Sicht seien die Menschen recht dumm. Für Hermes war es offensichtlich, dass diese Naturgeister keine bloßen Einbildungen sind, sondern Wesenheiten, die hinter den Kulissen, hinter den Erscheinungen am Werk sind. Da sie keine physischen Körper haben, können sie von der materialistischen Wissenschaft auch nicht studiert werden. Aber sie sind da. Sie sind dem erweiterten Bewusstsein zugänglich, und manchmal schlüpfen sie in die Träume der Menschen und geben darin gute Ratschläge.

Man müsse gut mit diesen helfenden Wesen umgehen, ihnen gelegentlich etwas opfern oder schenken, ein Blümchen, einen Schluck Wasser (traditionell auch Bier) oder Milch zum Trinken oder eine Handvoll Getreidekörner oder ein Stück Brot zum Essen. Am besten stelle man diese Opfer unter den Hofholunder. Auf jeden Fall sollte man sie in Ruhe ihre Arbeit machen lassen und nicht – wie es einige Esoteriker tun – allzu neugierig sein und sie unbedingt sehen wollen. Es ist nicht ohne Grund, dass sie Tarnkappen tragen. Diese Wesen zu verärgern, würde Unglück bringen. Davon erzählt ja das Märchen von den Heinzelmännchen zu Köln. Ein Übermaß an Maschinen, Mechanik und Strom mögen sie auch nicht; von der Industrielandschaft ziehen sie sich zurück.

»Deine Mahlzeiten gefallen nicht allein, wenn man sie genießt, sondern auch, so oft man an sie denkt.«

Athenaeus, Deipnosophistae

SONNE UND MOND, FEUER UND WASSER

Um noch einmal auf die planetarische Kochkunst zurückzukommen. Die frisch vom Beet geernteten Gemüse wurden in Hermes Küche nie übermäßig geschält, denn die wertvollsten Nährstoffe befinden sich in den Rinden und Schalen. Für Besucher, die bei ihm zu Tisch geladen wurden, waren die rauen, faserigen Gerichte oft eine regelrechte Herausforderung. Manchmal hatte man den Eindruck, man würde Viehfutter serviert bekommen.

Da verschiedene Verfahren die Nährstoffe jeweils unterschiedlich aufschlüsseln, wurden rund zwei Drittel der Gemüse, die bei einer Mahlzeit verarbeitet wurden, gekocht, ein Drittel in Öl gedünstet und ein kleiner Teil als Rohkost serviert. Das so zubereitete Gemüse kam mit dem Hauptnahrungsmittel, Kartoffeln oder einem Getreide, auf den Tisch. Zu jeder Mahlzeit gehörte ein mit verschiedenen Kräutern gewürzter Salat – Essig im Salat war für Hermes tabu –, ein derbes, selbstgebackenes Vollkornbrot und ein kräftiger Kräutertee.

Salz

Gesalzen wurde das Essen praktisch nie. Salz bindet an das Materielle, sagte er, es verhindert das Abheben des Geistes, erschwert die geistige Vision. Wenn überhaupt Salz, dann am Morgen, wenn die Seele aus der geistigen Welt zurückkehrt und sich wieder mit dem physischen Körper verbindet, aber nie am Abend, denn dann soll die Seele ins Traumland schweben können. Oder wie er es formulierte, dann soll sich der Astralleib vom Ätherleib lösen können. Als ihm einmal eine junge Anhängerin ein Süppchen kochte und es kräftig salzte, wurde der alte Meister ärgerlich; er fragte, ob sie ihn vergiften wolle. Meine Gefährtin Christine bemerkte jedoch, dass er dennoch genügend Salz von dem Emmentaler- oder Greyerzer-Käse bekäme, der bei jeder Mahlzeit aufgetischt wurde.

Das Vermeiden von Salz war für mich interessant. Aus der volkskundlichen Forschung geht hervor, dass es im Aberglauben heißt, dass Hexen Salz im Essen meiden. Auch die Speisen, die man den Totengeistern opfert, müssen salzfrei sein. Das ist auch so in Indien, wo man den gekochten Reis, den man den Verstorbenen als Wegzehrung für die Reise in die Welt der Ahnen mitgibt, niemals salzen würde. Allgemein wird die Speise der Schamanenanwärter ebenfalls nicht gesalzen, denn während ihrer Einweihung befinden sie sich in der Welt der Geister.

Die ganze Pflanze essen

Ein weiterer Lehrsatz, den Arthur Hermes verkündete, war: »Man esse täglich die *ganze* Pflanze!« Man esse also Wurzelhaftes, Stängelhaftes, Blatthaftes sowie Frucht und Samen, denn die ganze archetypische Pflanze steht in Korrespondenz zum ganzen Menschen. Beide sind – dem Schema Rudolf Steiners folgend – dreifach gegliedert:

1. Das Sinnen-Nervensystem, das vor allem aus den Sinnesorganen des Kopfes besteht und durch Schmecken, Riechen, Hören und Sehen äußere Reize aufnimmt, korrespondiert mit den pflanzlichen Wurzeln, die wie Sinne tastend im Boden Wasser, Mineralien, Spurenelemente und Wuchsstoffe aufspüren und selektiv assimilieren. Schon Aristoteles sagte, dass Pflanzen ihren Kopf im Erdboden haben, und Darwin verglich das Wurzelsystem mit einem primitiven Hirn.
2. Das rhythmische System, die Lungen und das Herz im tierischen Organismus, korrespondieren mit dem Blattbereich. Hier findet der Austausch der Gase (Sauerstoff und Kohlendioxid) statt, hier atmet die Pflanze. Die Puls- oder Taktgeber der Vegetation sind Sonnenrhythmen (Tag/Nacht und jahreszeitliche Rhythmen) und die Mondphasen, beim Menschen sind es der Herzschlag und der Atemrhythmus.
3. Das Stoffwechsel-Gliedmaßensystem, also die Verdauungs- und Geschlechtsorgane, korrespondieren mit der pflanzlichen Blüte und der Samenbildung. Beide verströmen Düfte, verausgaben sich und dienen der Fortpflanzung.

Der Kopf, das Zentrum unserer Sinne und Nerven, benötigt die organischen Mineralien, die in der Wurzel zu finden sind. Die Atmung und der Kreislauf bedürfen des Blattgrüns, das oft blutreinigend oder blutbildend ist. Das Pflanzengrün (Chlorophyll) ist bis auf molekularer Ebene praktisch das pflanzliche Spiegelbild des roten Hämoglobins (Blut). Einzig ein Eisenatom in der Mitte des Hämoglobin-Moleküls macht den Unterschied aus. Stoffwechsel- und Fortpflanzungsorgane brauchen ihrerseits die Blüten- und Samenkraft der Pflanze (etwa Kamillenblütentee bei Darmbeschwerden).

In der Praxis bedeutet diese Regel schlicht, dass man etwa zur Roten Bete, den Karotten oder der Kohlrübe (Wurzel) und dem Getreide (Samen) noch einen Salat (Blatt) dazu nimmt und mit einem Obstkompott (Frucht) abschließt, so kommt man der Forderung nach der »ganzen Pflanze« leicht nach.

Sonnen- und Mondenprozesse

Mit der sorgfältigen Auswahl der Zutaten stehen wir jedoch erst am Anfang der planetarischen Kochkunst. Planetarisches Kochen, sagte Hermes, ist die reinste Alchemie, ist eine Verwandlungs- und Veredlungskunst. In der Alchemie spielten immer der Einfluss der Sonne (*sol*) und des Mondes (*luna*) eine Hauptrolle. Die Dialektik der beiden Himmelskörper zeigt sich in den klimatischen, jahreszeitlichen und biologischen Vorgängen der großen Natur, in den Jahreszeiten und den Gezeiten des Meeres. Die Sonne ist wärmend, trocknend, reifend, aufzehrend. Der Mond dagegen ist kühlend, quellend, befeuchtend, gärend.

Den Mittelpunkt der Mahlzeit bildete bei Hermes das Getreide. Dieses wird zuerst über Nacht in Wasser eingeweicht. Er nannte das einen »Mondenprozess«. Jede Wasserbehandlung, jedes Einweichen, Einsäuern und Vergären stellen einen solchen lunaren Vorgang dar.

Am nächsten Morgen wurden die im Wasser weich gewordenen Körner ganz langsam auf niedriger Hitze gekocht. Für Hermes stellte jedes Erhitzen, jedes Backen, Rösten und Dörren einen »Sonnenprozess« dar, ein alchemistisches Fortführen des in der Natur begonnenen Reifevorgangs. Mit dem Umhüllen des Nahrungsmittels mit Wasser schützt der Mond gegen eine zu starke Sonnenwirkung, gegen Verbrennen, Verkohlen, Ausdürren. Die Gemüse, die verschiedenen Planeten zugeordnet sind, gehen während des Kochens dann mit dieser »Sonne« und diesem »Mond« in »Konjunktion«.

Diese Dialektik von Sonne und Mond ist nicht die Erfindung des alten Meisters. Sie spielte schon lange in der westlichen Kultur eine Rolle. Seit den alten Griechen wurden Krankheiten, Jahreszeiten, Tiere und Pflanzen eingeteilt, ob sie hitzig und trocken oder kalt und feucht sind. Die gesamte mittelalterliche Heilkunde, auch die der Hildegard von Bingen, arbeitete damit. Diese Dichotomie ist auch in anderen Kulturen bekannt. In Ostasien erscheint sie in der dynamischen Dialektik des Yin/Yang; in den Kulturen Mittelamerikas und in Indien wurde die Spannung zwischen den beiden Polen durch den hochfliegenden (Sonnen-)Adler und der im Schatten kriechenden chthonischen Schlange symbolisiert.

Wärmequellen

Auf die Art der Wärmequelle nimmt die planetarische Küche besondere Rücksicht. Holz, Gas oder Kohle sind ja nichts anderes als die gespeicherte Sonneneinstrahlung vergangener Jahre. Jede Art Hitze hat ihre eigentümliche Qualität. »Es ist wirklich primitiv, Hitze nur auf die Temperaturskala, auf Grad Celsius oder Fahrenheit, zu reduzieren«, erklärte Hermes, »Ich habe das ja untersucht, habe Steigbilder von verschiedenen Wärmequellen gemacht.«

Mit Steigbildern meinte er eine bildschaffende Methode, wobei er die mit verschiedenen Wärmequellen erhitzten Flüssigkeiten in einer Säule aus Filterpapier – dieses war zuvor mit Silbernitrat getränkt worden – aufsteigen ließ. Dabei entstehen charakteristische farbige Formen und Muster. Er erklärte weiter: »Das Steigbild eines mit Gas oder Kohle gemachten Tees ergibt einigermaßen rhythmische, wellenartige Muster. Elektrischer Strom dagegen erzeugt ganz unsympathische flache Linien. Elektrizität stammt nämlich aus dem ›untersinnlichen‹ Bereich[9] und ist eigentlich lebensfeindlich. Ein Stromschlag kann töten.«

Am harmonischsten, erklärte Hermes, seien jene Muster, die man von Flüssigkeiten bekommt, deren Hitzequelle brennendes Holz ist. Dabei hat wiederum jede Holzart ihre typischen Wellenmuster. Eigentlich kann man die Brennhölzer in sieben Gruppen einteilen, denn jede Baumart trägt die Signatur eines der sieben Planeten. Wie schon angedeutet, brennt Buchenholz lange, und Nadelhölzer (Tanne, Wachholder, Fichte) brennen heiß. Wer also sein Süppchen mit Saturnwärme kochen will, sollte den Herd mit dem Holz von Buchen oder Koniferen heizen. Jupiterwärme bekommt man vom Ahorn, dem Weißdorn oder auch von der Eiche; letztere enthält gleichfalls Marswärme. Ulmenholz und Haselnussholz gehören dem Merkur. Eschenholz brennt heiß und sauber, es strahlt »Sonne« aus, die aber mit Merkur tingiert ist. Kirsche, Pappel und Weide geben eine angenehm kühlere Mondwärme ab. Die Birke enthält eine heilkräftige Venuswärme, ebenso wie die Linde. »Hier auf dem Berg habe ich das Glück, in einem Mischwald zu leben, und kann mir meine Planeten im Ofen und im Kochherd aussuchen. Der Städter kann das nicht. Trotzdem sollte er wissen, dass die Hitze vom Gasherd besser ist als die von der Elektroplatte. Auch sollte er wissen, dass, falls ein Kamin vorhanden ist, verschiedene Arten von Holzfeuer unterschiedlich heilend wirken. Ab und zu sollte man sich ein Feuer machen, ein Feuer im Kamin oder Lagerfeuer vielleicht, und die Glut auf sich wirken lassen. Damit lassen sich viele Leiden lindern – hat doch jeder mal erlebt, wie entspannend es ist, in ein lebendiges Holzfeuer zu schauen. Es tut tatsächlich den Augen und dem Gemüt gut. Fängt man diese Ausstrahlungen mit dem Kochtopf ein, ist es noch besser!«

Wasser

Das Wasser, als Träger des »Mondenprozesses«, war für Arthur Hermes nicht gleich Wasser oder H_20 (Dihydrogenmonoxid). Jeder Brunnen, Teich oder Bach, jede Quelle hatte für ihn eine besondere Qualität. Das weiche, lebendige Regenwasser, besonders wenn es um den Vollmond fällt, ist stark von ätherischen Lebenskräften durchdrungen – »es bringt die Saat zum Keimen und regt das Wachstum an«. Schneeschmelzwasser ist seinerseits mit kristallinen Kräften aus hohen Sternenregionen geschwängert, seine Kräfte wirken formgebend. Frisches Quellwasser ist das beste; chloriertes, in Kläranlagen aufbereitetes Leitungswasser das schlechteste Wasser.

Auf dem Michaelshof, der sich im trockenen Kalksteingebirge des Jura befindet, gibt es keine Quelle und keinen Brunnen. Hermes musste mit dem weichen Regenwasser vom Dach vorliebnehmen, das in einer Zisterne gesammelt wurde. Das Regenwasser hat seine Vorteile. Da es weniger Mineralien, wie etwa Kalziumkarbonat enthält, schäumen Waschmittel und Seife eher und der Kaffee schmeckt besser.

Etwas ganz Besonderes und Heilkräftiges war für Arthur Hermes das »Osterwasser«. Schon aus seiner Kindheit kannte er es: Es musste in der mondhellen Karfreitag-Nacht – am besten von einer Jungfrau – mit einem Keramikkrug im Namen des Heilands aus einer reinen Quelle geschöpft werden. Das Mädchen sollte allein zur Quelle gehen, am besten barfuß; sie darf nicht stehenbleiben, mit niemandem reden und sich auch nie umblicken. Im Haus darf das Gefäß dann nicht mehr bewegt werden; es muss mit einem Holzdeckel zugedeckt werden. Ein solches Quellwasser kann heilen, da es dämonischen Einwirkungen unzugänglich ist. Es ist gut gegen siebenerlei Krankheiten bei Mensch und Tier. Auch bei inneren Schmerzen trinkt man einen Schluck. Das Osterwasser hält es sehr lange, es verdirbt das ganze Jahr nicht.

Wenn Vollmond war und insbesondere, wenn es dann regnete, füllte Hermes Tröge und Gießkannen mit Wasser und ließ es vom Mondlicht bescheinen, damit es die darin vorhandenen lunaren Wachstumskräfte aufnehme. Das Mondwasser, sagte er, ließe sich gut mit segnenden Worten besprechen, denn Wasser sei ein empfängliches Element, es nehme Impulse auf und könne diese weitervermitteln. Als Naturwissenschaftler war ich da eher skeptisch – das heißt, bis ich später auf die Arbeit von Professor Masaru Emoto stieß. Dieser japanische Pionier der Wasserforschung konnte mit Fotografien von Eis-

9 Auf die Sinne bezogen erkannte Hermes drei unterschiedliche Bereiche: erstens die für die Augen unsichtbare übersinnliche Welt der Engel, Götter und Geister. Zweitens die Dimension, die sich den fünf nach außen gerichteten Sinnen offenbart. Und drittens die ebenfalls nicht sichtbare, untersinnliche Dimension, zu der der Magnetismus, die Elektrizität und die Kernkraft gehören.

kristallen nachweisen, dass Wasser sogar auf Worte und Emotionen reagiert und dies im Kristallisationsprozess sichtbar macht. Überhaupt wird in Ostasien gar nicht infrage gestellt, dass im Wasser die Yin-Qualität vorherrscht. Im Gegensatz zu der ausstrahlenden Yang-Qualität ist Yin vollkommen empfänglich, es nimmt feinstoffliche Impulse auf. In unserem Kulturkreis ist die Empfindsamkeit des Wassers eine Grundlage der Homöopathie.

Am gemütlichen Esstisch

Setzen wir uns mal in der gemütlichen Bauernstube an den selbstgezimmerten Esstisch zu einer planetarischen Mahlzeit. Eine raphaelische Madonna lächelt milde von der Wand herab; eine Bienenwachskerze und ein Wildblumenstrauß auf dem Tisch verhelfen zur guten Stimmung. Kein Essen beginnt ohne dankende Besinnung auf die Güte der Mutter Erde und der Sonne. Oft sprach Hermes das Gebet:

»Das Brot vom Korn,
das Korn vom Licht,
das Licht von Gottes Angesicht
die Frucht der Erde aus Gottes Schein
lass Licht auch werden im Herzen mein.«

Manchmal wurde auch der Spruch des mystischen Dichters Christian Morgenstern aufgesagt:

»Erde, die uns dies gebracht,
Sonne, die es reif gemacht,
Liebe Sonne, liebe Erde,
euer nie vergessen werde.«

Zuerst gab es beim Mittagessen eine Handvoll Rohkost. Das sollte die Verdauungssäfte anregen. Es folgte eine magenwärmende Suppe: Es war das Wasser, in dem die Gemüse gekocht wurden, garniert mit zerriebenem Bergkäse und Wildkräutern. Nun kam der Hauptgang: gekochtes Vollkorngetreide mit dem Tagesgemüse und Quark. Dazu gab es Brot aus dem eigenen Backofen. Das Getreide dazu hatte der Alte im Herbst von eigener Hand gesät.

Eine Kanne duftender Kräutertee durfte bei der Mahlzeit nicht fehlen. Der Tee – wie auch die Gewürze – kam aus dem Garten, der nahegelegenen Wiese und dem Wald. Nach Hermes sind die in Kümmel, Quendel, Dost oder Wacholderbeeren enthaltenen aromatischen Öle und Bitterstoffe den erdfer-

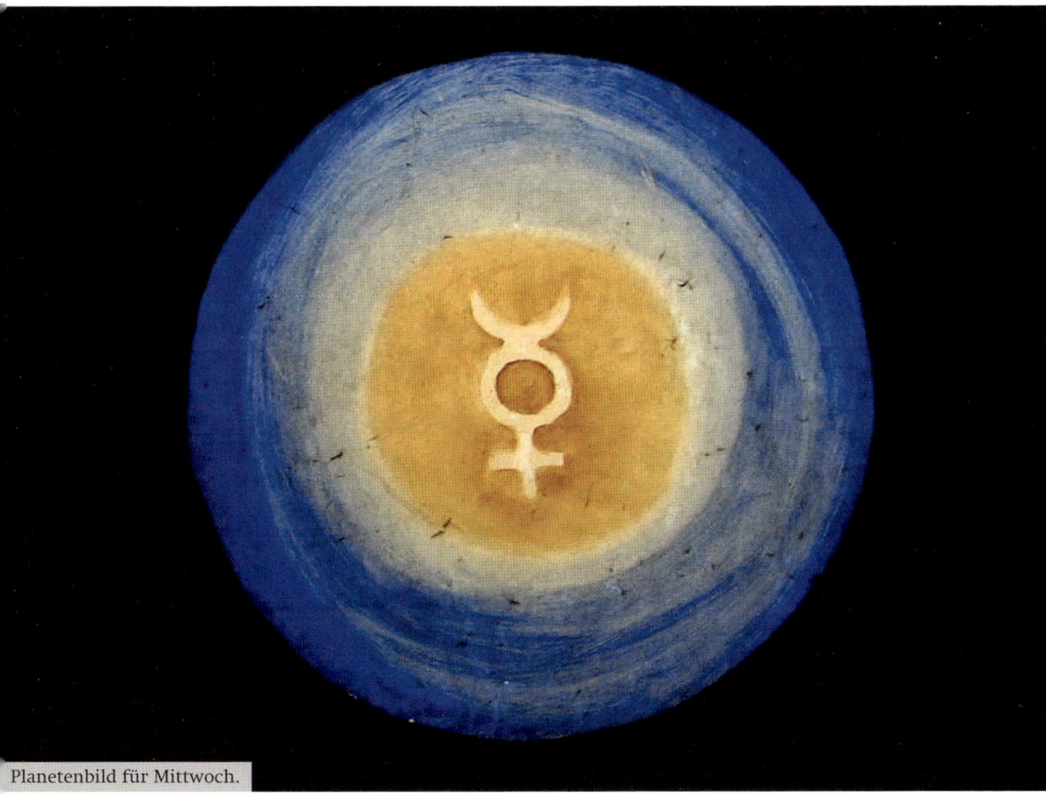

Planetenbild für Mittwoch.

nen Planeten (Mars, Jupiter, Saturn) zugehörig. Sie vermögen es, die schweren Kohlenhydrate, die mit den erdnahen Planeten (Mond, Merkur, Venus) zusammenhängen, auszugleichen. Scharfe Gewürze, wie Kresse oder Meerrettich, erklärte er, gehören dem Mars, aromatische dem Jupiter und bittere, salzige dem Saturn.

Wie schon erwähnt, fehlte das Salznäpfchen auf dem Tisch. »Salz ist zwar wichtig für unsere Erdeninkarnation, aber zu viel schadet den Nieren, erhöht den Blutdruck und verhärtet das Denken. Es ist besser, das Salz in pflanzlicher Form über das Wurzelgemüse aufzunehmen!«

Das Gleiche gilt für den raffinierten weißen Zucker. Wurzeln und Obst, lehrte der Alte, können ohne Weiteres den Zuckerbedarf des Menschen decken. Mit dem von fleißigen Bienen gesammelten Honig – »hohe Lichtwesen, die die kosmische Liebe verdichten« – hatte er kein Problem. Er süßte den Tee damit. Und wenn einer der vielen Besucher einen Kuchen oder süßes Gebäck mitbrachte, freute sich der alte Alchemist dennoch, und dankte mit dem üblichen Spruch: »Dafür kommst du in den Himmel.«

»Gott segne mir den Mann
in seinem Garten dort!
Wie zeitig fängt er an ein lockres
Bett dem Samen zu bereiten!
Kaum riss der März das Schnee-
gewand dem Winter von den
hagern Seiten, der stürmend floh
und hinter sich aufs Land
den Nebelschleier warf, der Fluss
und Au und Berg in kaltes Grau
versteckt: da geht er ohne Säumen,
die Seele voll von Ernteträumen,
und sät und hofft.«

Johann Wolfgang von Goethe

GARTENARBEIT

Wenn wir Arthur Hermes besuchten, ging es nach dem aus Haferbrei, Brot, Butter und Honig bestehenden Frühstück an die Arbeit. Das war die Regel für jeden, der für längere Zeit am Hof war. Nur herumsitzen und lange reden ging einfach nicht, denn auf dem Land gibt es immer etwas, was getan werden muss. Meistens war es Gartenarbeit, in die der Besucher eingespannt wurde; wenn es regnete, war man wie ein Heinzelmännchen in der Werkstatt tätig.

Wichtig für den alten Meister war es, dass man alles, was man tat, mit einem liebevollen Bewusstsein begleitete. Er machte es uns vor. Die jungen Setzlinge von Kohl, Mangold, Endivien und anderem Gemüse nahm er in beide Hände, und indem er um den Segen der Mutter Erde und der Sonne – dem »kosmischen Christus« – bat, setzte er sie in den Boden und umgab sie sorgfältig mit einer Schicht aus altem Heu, verrotteten Blättern oder anderem organischem Material. »Man muss die Pflänzchen liebevoll in Mulch betten, so wie man kleine Kinder, wenn sie schlafen gehen, mit einer Decke zudeckt.« Das war etwas anderes als die mechanischen, aber praktischen Pflanztechniken, mit denen ein Gärtnerlehrling heutzutage konfrontiert wird.

Auch die »Unkräuter« wurden mit Respekt behandelt, auch sie seien Kinder des Himmels und der Erde. Sie wurden, wie wir sahen, als Salat, Wildgemüse und Suppengewürze verwendet, und wenn sie in den Beeten zu arg wucherten, dann wurden sie einfach gehackt und zu Mulch, also Bodenbedeckung, umgewandelt, oder sie kamen auf den Kompost. So konnten sie den Regenwürmern und Kleinlebewesen als Nahrung dienen.

Komposte, Gülle und Brennnesseljauche

Wie bei meinem Gärtnermeister Manfred Stauffer, der den Garten in der Kommune an der Rhone leitete, galt für Hermes der Kompost nicht nur als Abfallhaufen, sondern als ein undifferenzierter »Lebenskloß«, der vor lauter ätherischer Lebenskraft nur so strotzt und dessen zig-milliarden Bewohner – Kleinlebewesen, Pilzmyzelen, Actinomyceten, Älchen, Käfer, Asseln und Würmer – im Einklang mit den jahreszeitlichen Rhythmen alle atmen, stoffwechseln, sich vermehren und mit ihrem Ableben den Boden düngen. Diesem Haufen, diesem Ur-Lebewesen – die Alchemisten würden von *prima materia* oder Jungfernerde sprechen – fügte er dann wie ein Magier die sogenannten bio-

Hermes mit Sense bei der Kornernte.

dynamischen Präparate zu.[10] Auf diese Weise würde der Lebenskloß beseelt, oder, wie er sagte: »astralisiert« werden. Auch dabei kamen die Planeten ins Spiel, denn diese sind Ausdruck der makrokosmischen Seele. Ein Kamillenpräparat würde also die Merkurkräfte hereinbringen, ein Eichenrindenpräparat die Mondkräfte, ein Schafgarbenpräparat die Venuskräfte, ein Brennnesselpräparat die Marskräfte und ein Löwenzahnblütenpräparat die Jupiterkräfte; der äußerste sichtbare Planet, der Saturn, wurde durch den Baldriansaft vertreten. Dieser wurde stark verdünnt über den Kompost gesprüht; er umhüllte diese »Jungfernerde«, so wie die blaue Saturnsphäre (der Himmel) die Erde umhüllt. Mit den Präparaten pflanze man gewissermaßen dem Lebenskloß die Anlagen zu den Organen ein, die auch in unserem Körper zu finden sind.

Analog zu den Planeten im Makrokosmos wirken im Mikrokosmos (im Körper) die Merkurkräfte in den Lungen und der Atmung; die Mondkräfte wirken im Hirn und den Nerven; die Venuskräfte in den Nieren und Fortpflanzungsorganen; der Mars im Blutkreislauf, der Jupiter in den Muskeln und der Saturn in den Knochen. Der Kompost ist somit ein Homunkulus. Das Wort *Homunkulus* ist ein alchemistischer Begriff, der sich auf ein künstlich geschaffenes, kleines menschliches Wesen bezieht, das aus der *Putrefaktion* (dem Verfaulen) von organischen Stoffen entsteht.

Der Bauer oder Gärtner gleicht somit dem lieben Gott. Durch das Einpflanzen der magischen Substanzen gibt er dem Kompostorganismus Anlagen zu einer empfänglichen Seele.

Mir dampfte bei diesen Themen das Hirn. Bei Studienbeginn – ich wollte Botanik studieren – hatte ich mich in der landwirtschaftlichen Fakultät (*Department of Agriculture*) der Ohio State University eingeschrieben und mich konsequenterweise viel mit landwirtschaftlichen Angelegenheiten befasst. Da ging es vor allem um Stickstoff, Phosphor, Kali, Spurenelemente und dergleichen. Dieses hier war anders. Bei dem alten Bergbauern war ich in eine ganz andere Welt hineingestolpert.

Nicht nur mit diesen magisch behandelten Komposten wurden Garten und Äcker gedüngt, sondern auch mit der Gülle aus dem Stall sowie mit in Fässern fermentierten Kräuterjauchen. Die vergorenen Gebräue eigneten sich als Kopfdüngung für Kohlarten, Mais, Tomaten, Gurken, Zucchini, Mangold und andere stickstoffhungrige Starkzehrer. Auch aus Beinwell- und Kohlblättern stellte Hermes kräftige Jauchen her. Was die menschlichen Abfälle betrifft, meinte er, dass es in kleineren landwirtschaftlichen Betrieben durch-

10 Eine ausführliche Besprechung der biodynamischen Präparate finden Sie im Buch: Wolf-Dieter Storl, *Der Kosmos im Garten*, AT 2022, Seite 272.

aus geht, wenn man Fäkalien und Urin in die Stalljauche ablässt, diese zusammen vergären lässt und sie dann als Gülle oder »Pschütti« zum Düngen der Weiden und Felder verwendet. In den Städten sei so etwas allein schon wegen der Menge der Abwässer nicht möglich; zudem seien Medikamentenrückstände, Desinfektionsmittel, Chemikalien und Pestizide ein Problem.

Auf seinem Hof benutzte Arthur Hermes zwei offene Sammelbecken. Während sich das eine langsam füllte, ließ er das bereits volle unter Zusatz von Kräuterpräparaten, Brennnesselkraut und Schneeschmelzwasser vergären. Schnee war immer willkommen, denn er vermittelt hohe kosmische, formgebende Kräfte. Eine Schicht gehäckseltes Stroh bedeckte die Flüssigkeit; sie half, das sich verflüchtigende Ammoniakgas aufzufangen.

Den ganzen Sommer gärte außerdem eine heftig stinkende Brennnesseljauche in einem Fass. »Was stinkt, düngt!«, zitierte Hermes den alten Gärtnerspruch. Er wendete diese Nesseljauche[11] bei Blattlaus- oder Mehltaubefall an. »Sie stärkt das Abwehrsystem der Pflanzen«, kommentierte er. Nicht, dass er die Brühe direkt auf die lästigen Sauginsekten sprühte, sondern er begoss den Boden rund um die angefallene Pflanze damit. »Die kleinen Biester verziehen sich dann, weil ihnen der Saft der betroffenen Pflanze nicht mehr schmeckt.«

Überhaupt waren die Brennnesseln für den alten Bauern ein hochgeschätzter pflanzlicher Freund. Eisenhaltig seien sie, hervorragend zu essen als

Kompostanlage auf dem Emmentaler Hof.

Gemüse und Suppengrün. »Eisen braucht der Mensch!«, belehrte er uns mit erhobenem Zeigefinger. »Das Eisen im Blut unterstützt die Inkarnierung des Geistes und stärkt die Persönlichkeit. Diese Pflanze gehört schließlich dem Mars, dem eisengewappneten feurigen Krieger. Wer nicht genügend Eisen im Blut hat, der steht nicht mit beiden Beinen auf Erden, der wird schlapp, lustlos, blass, abwesend und ist nicht geistesgegenwärtig. Eisen bringt ihn wieder runter.« Willensschwache Menschen sollten jeden Tag Brennnesseltee trinken oder dreimal am Tag frischen Brennnesselsaft einnehmen. Heutzutage könne es auch ein Smoothie sein.

Mit dem Schlag einer Brennnesselrute kann man abgehobene Spinner, Mondsüchtige und Fantasten wieder in die Wirklichkeit, ins Hier und Jetzt zurückbringen.

Nachweislich leiden schwangere Frauen oft an Eisenmangel. Dann könnten sie Brennnesselsaft einnehmen, um den Eisenspiegel zu erhöhen, meinte Hermes. Aber inzwischen weiß man, dass Eisenanämie vor der Geburt ganz natürlich ist, denn die werdenden Mütter sollten in dieser Zeit nicht so sehr im Alltag »funktionieren«, sondern der Seele des Kindleins entgegenträumen können. »In meinem Heimatdorf in der Lüneburger Heide sagte man auf Plattdeutsch, die Frau befinde sich während der Schwangerschaft *in Heven* (im Himmel), deswegen ist sie so glücklich und verträumt.« Heute würden wir sagen, es ist die Hormonumstellung.

Übrigens brauchen auch Bakterien Eisen, deshalb schützt diese Anämie bei postpartalen Blutungen teilweise vor Infektionen. Nach der Schwangerschaft erholt sich der Blutspiegel schnell und von ganz allein.

Rund um das Gehöft wucherten dichte Brennnesselhorste. Für Arthur Hermes war das kein Problem. Im Gegenteil. »Brennnesseln wehren negative Strahlungen ab«, sagte er. Mit dieser Aussage konnte ich nichts anfangen. Strahlungen? Welche Strahlungen? Radioaktive? Elektromagnetische? Das wäre selbstverständlich, wissenschaftlich gesehen, absoluter Unfug. Erst später wurde mir klar, was er damit meinte: Es seien negative Gedanken, hass- oder neidvolle Schwingungen, die durch den Äther geschickt werden, um jemandem Schaden zuzufügen. In diesem Sinn bewegte sich der alte Bergbauer ganz in der Tradition des europäischen Zauberglaubens: Man hängte seit heidnischen Zeiten Brennnesselbüschel in den Stall, um das Vieh vor »Verschreien« (negativen Zauber) zu schützen. Auch als Amulett getragen, schütze das stachlige Kraut vor den Machenschaften jener Menschen, die einem unwohl gesonnen sind.

11 Zum Thema Brennnesseln möchte ich Ihnen mein Buch *Heilkräuter und Zauberpflanzen*, AT 2021, Seite 13ff., empfehlen.

Ameisen und andere Helfer

Auch das Insektenvolk und Kleingetier, wie Kröten, Blindschleichen und Eidechsen, fanden im Garten des Michaelhofs besondere Beachtung. Zwischen den Gemüsen sollte deswegen möglichst immer etwas blühen, damit sich Bienen und Schmetterlinge am Blütennektar und den Pollen laben können. Die Anwesenheit dieser Kerbtierchen erhöhe die geistige Schwingung des Gartens. Und die aussamenden Begleitkräuter (»Unkräuter«) fütterten die Wildvögel, deren Zwitschern und Pfeifen den Pflanzen Energie (»Klangäther«) geben und sie beim Wachsen unterstützen. »Durch ihr Dasein schaffen sie eine harmonische, ausgeglichene seelische (astrale) Atmosphäre, in der sich ungute zerstörerische Geister nicht gerne aufhalten.«

Sogar die Maulwürfe waren im Garten willkommen, denn sie durchlüften den Boden, sodass die Ätherkräfte ihn durchwirken können. Auch Regenwürmer tun das auf ihre Art und Weise. In lebendigen Humusböden sind ihre Gänge tiefer und häufiger.

Die roten Waldameisen, die am Rande des Gartens große Haufen gebaut hatten, mochte der Alte besonders: »Das sind meine kleinen Mitarbeiter!« Die fleißigen Emsen, erklärte er, verkörpern die Intelligenz der Erde, sie sind sozusagen auch die Gesundheitspolizei im Garten. Auch würden sie Schadinsekten und Raupen fressen, die die Pflanzen zu sehr angreifen. Im Winter versuchten hungrige Füchse, die Ameisen auszubuddeln, um ihre säuerlich schmeckende Brut zu fressen. Hermes umgab die Haufen daher im Herbst mit einem Maschendrahtgestell und deckte sie mit Fichten und Tannenzweigen ab. Auch die Gemüsebeete wurden mit solchen Nadelholzzweigen bedeckt, sie enthalten »Saturnwärme«, sagte er, die Knollen und Wurzeln vor dem Frost schützen würden.

Überhaupt hatte der alte Meister ein besonderes Verhältnis zu den Tieren. Es handelte sich dabei nicht um ein objektives, zoologisches Wissen, sondern eher um die Fähigkeit, sich auf sie einzustimmen, mit ihnen in Resonanz zu gehen, sich mit ihren Seelen zu verbinden. Das Erscheinen von Vögeln, Rehen, Hirschen oder Wildschweinen hatte für ihn immer eine Bedeutung, eine Botschaft. Tiere seien die verkörperte Seele der Landschaft. Sie seien Teil der Sprache, in der Mutter Natur mit unserer Seele kommuniziert. Wenn sich zum Beispiel ein Besucher den langen Waldpfad den Berg hinauf dem Michaelshof näherte, dann kündete es jedes Mal ein Sprecht an. Schreiend flog der Vogel dann direkt über das Haus. Und Hermes sagte: »Es kommt Besuch. Legen wir die Werkzeuge beiseite und nehmen uns die Zeit, um ihn würdig zu empfangen!«

Nacktschnecken

Im Jahr 1972 erreichten die gefräßigen orangenen Nacktschnecken die westliche Schweiz. Diese Schnecken gehören nicht zur einheimischen Fauna, sie sind sogenannte *Neozoen* (»neue Tiere«), also invasive Arten. Ursprünglich kamen sie in den Fünfzigerjahren mit Gemüsetransporten aus Spanien, wo sie von Hitze und Trockenheit in Schach gehalten werden. Nördlich der Pyrenäen fanden diese Weichtiere ein Schlaraffenland mit Grünfutter ohne Ende. Fressfeinde waren hier auch keine vorhanden. So konnten sie sich ungehemmt vermehren. Und plötzlich waren sie da in unserem wunderbaren Gemüsegarten im Kanton Genf und fraßen über Nacht ganze Reihen frisch gepflanzter Salate und Kohlsetzlinge weg. Bis zu fünf Mal mussten wir nachpflanzen. Diese »Verdauungsmaschinen«, wie Gärtnermeister Manfred Stauffer sie nannte, trieben ihn fast in den Wahnsinn. Gift wollten wir nicht streuen, denn schließlich waren wir ein biodynamischer Betrieb. Die einzige Lösung, die uns in den Sinn kam, war es, einem illegal eingewanderten Kanadier, der der französischen Fremdenlegion entflohen war, ein Stiletto-Messer in die Hand zu drücken, sodass er die Invasoren damit abstechen konnte. Das aber verschlimmerte das Problem nur. Denn diese schleimigen Kriecher sind Kannibalen. Neben Grünzeug, Hundekot und Abfällen fressen sie auch ihre toten Artgenossen. Der Verwesungsduft zieht sie geradezu an. Aus einem weiten Umkreis.

Wir waren nicht die einzigen entsetzten Gärtner und Bauern, die den alten Weisen vom Berg um Rat baten. Und er gab den Rat auch bereitwillig. Dabei berief er sich, wie immer, auf die alte Planetenlehre und die dazugehörige Signaturenlehre. Die weichen, schleimigen Geschöpfe, sagte er, gehören dem wässrigen Mond an, aber ihre rötliche Farbe und ihre gierige Fresslust verraten, dass auch der aggressive Mars in ihnen vorhanden ist.

Er riet, dem nassen kalten Mond – nach dem Prinzip *contraria contrariis*[12] –, dem trockenen, warmen Saturn entgegenzusetzen, indem man aus den harzigen Zapfen und Zweigen der Fichte (Rottanne), welche die Signatur des Saturns tragen, eine balsamisch duftende Brühe bereitet und diese dann mit der Gießkanne rund um den Garten herum ausbringt. Wenn die Schnecken, diese Mondtierchen, in diese Saturnzone kommen, »würden sie sich regelrecht aufbäumen« und eiligst umkehren, denn sie fürchten, in einen trockenen, warmen Tannenwald zu kommen, wo es für sie nichts zu fressen gibt. Ausgeführt am Tag des Saturns, zu einer Stunde, in der dieser Planet gut aspektiert ist, steigert sich diese Wirkung noch.

12 Allopathie: »Man muss Entgegengesetztes mit Entgegengesetztem bekämpfen.«

Wir folgten seinem Rat, bei uns jedoch war das Ergebnis nicht ganz so überzeugend. Vielleicht hat es ein wenig geholfen, aber die Schnecken haben sich nicht erschrocken am Gartenrand aufgebäumt, um Reißaus zu nehmen.

Pflanzen sind zukünftige Menschen

Ganz wichtig sei es, sagte der alte Meister, die Pflanzen, mit denen man arbeitet, zu respektieren. Um zu erklären, was für Wesen Pflanzen sind, musste er wieder weit ausholen, und wieder einmal rauchte mir der Kopf. Der Mensch sei ein Mikrokosmos, sagte er, der die physische Substanz der Mineralwelt, die Lebenskraft der Vegetation, die tierischen Triebe und Leidenschaften sowie das Licht des Geistes in sich trägt.

Bei den Pflanzenwesen dagegen manifestieren sich lediglich der stoffliche Körper und der ätherische (energetische) Leib auf Erden. Das Stoffliche bezieht sich auf die wägbaren, messbaren chemischen Bestandteile der Pflanze; das Ätherische auf die Energie, die es der Pflanze ermöglicht, entgegen der Schwerkraft emporzuwachsen, sich metamorphosierend zu entfalten und sich zu vermehren. Das, was man als ihre Seele und ihren Geist beschreiben kann, ist bei der Pflanze nicht leiblich verkörpert, sondern wirkt von außen auf sie ein, von der Umwelt, von den Tieren, die an ihr fressen und deren Dung und Urin sie aufnimmt, von der Atmosphäre und den Wetterbedingungen, von den Planeten und den Sternen. Sie ist im Wesentlichen ein makrokosmisches Geschöpf.

Erst in der nächsten Inkarnation des Erdorganismus, im sogenannten Jupiterstadium, werden sich die Pflanzen als tierähnliche, beseelte Wesen manifestieren. Und schließlich, in einer noch späteren Inkarnation der Erde, im »Venusstadium«, erleben sich die Pflanzen als »Menschen«, als Mikrokosmen. Dann werden sie nicht nur einen physischen Leib und einen ätherischen Leib besitzen, sondern auch – wie wir – einen verkörperten Astralleib und einen Geistleib, ein »Ich«. Die esoterische Aufgabe des Gärtners sei es, so wie es Arthur Hermes verstand, die Keime dieser »Venusmenschen« zu hüten.

Den Gedanken, dass auch unser Erdenplanet Zyklen von Tod und Wiedergeburt durchmacht, fand ich berauschend. Es kam mir fast wie Fantasy-Fiction vor. Auch der Gedanke, dass wir selbst in vergangenen Erdinkarnationen mal Pflanzen waren oder dass unsere grünen Erdmitbewohner einmal Menschen werden würden, fand ich »total abgefahren«, oder wie es die Hippies damals sagten: *far out,* also jenseits der Limits des normalen Denkens. Es waren gerade diese Grenzen sprengenden Vorstellungen, die für viele der damaligen Jungend, zu der ich auch gehörte, faszinierend war.

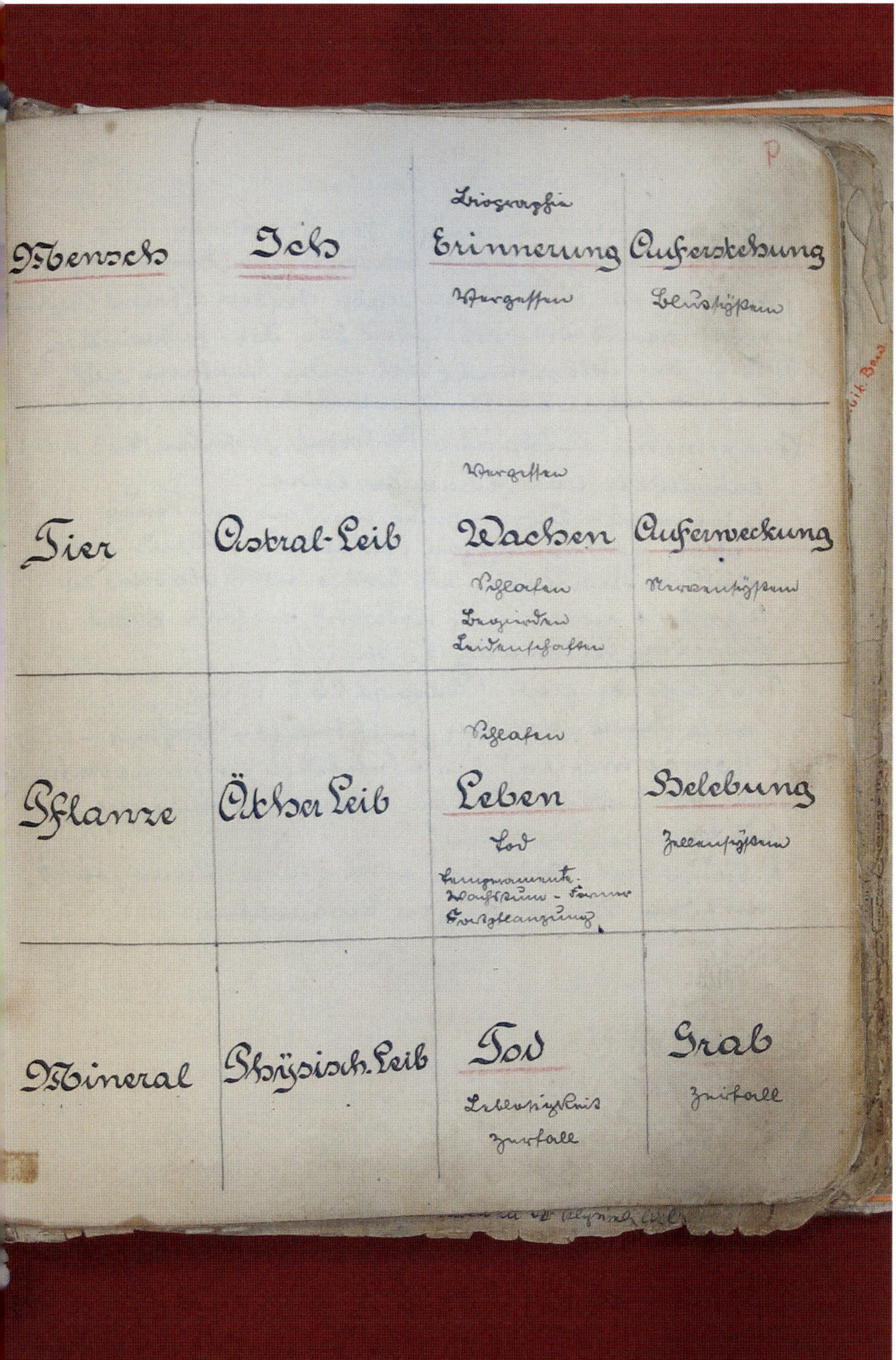

Mensch	Ich	Biographie **Erinnerung** Vergessen	**Auferstehung** Blutsystem
Tier	Astral-Leib	Vergessen **Wachsen** Schlafen Begierden Leidenschaften	**Auferweckung** Nervensystem
Pflanze	Äther Leib	Schlafen **Leben** Tod [illegible] Wachstum - Formen Fortpflanzung	**Belebung** Zellensystem
Mineral	Physisch. Leib	**Tod** Leblosigkeit Zerfall	**Grab** Zerfall

Seite aus einem Notizbuch von Arthur Hermes.

*»Die Natur hat kein Geheimnis,
was sie nicht irgendwo
dem aufmerksamen Beobachter
nackt vor die Augen stellt.«*

Johann Wolfgang von Goethe

WETTERBEOBACHTUNGEN UND BODENTESTS

Ein Gärtner oder Bauer sollte sich im Erkennen der vier Elemente und deren Verwandlungen üben. Viele Geheimnisse der Natur offenbaren sich dann auch ohne Hilfe komplizierter Labortests, cleverer Messinstrumente, mikroskopischer Untersuchungen, technischer Analysen und Begriffszwangsjacken. So konnte Arthur Hermes zum Beispiel durch die Beobachtung der Wolkenformationen das Wetter für zweiundsiebzig Stunden voraussagen, während seine Nachbarn weiter unten im Tal ihr Vertrauen in die eigene Betrachtung verloren hatten und sich an die Wettervorhersage des Rundfunks hielten. Seine unmittelbare Beobachtung, gerade im unberechenbaren Bergklima, war meistens zutreffender als die vom Satellitenbild abgelesene und vom Sender einer Großstadt ausgestrahlte Prognose. Und Wetterbeobachtung ist immerhin eine wichtige Angelegenheit für jeden Landwirt.

Den eigenen Sinnen vertrauen

Anstatt vor dem elektronischen Orakel zu sitzen, kann man durch direkte Beobachtung der Natur zu den notwendigen Schlüssen kommen, die für die örtliche Lage stimmen. Auch auf die Aussagen der alten Leute sollte man hören. Die regionalen Bauernregeln sind ebenfalls hilfreich. Durchziehende Wetterfronten kündigen sich entweder durch Schmerzen in alten verheilten Knochenbrüchen oder im Gliederreißen an oder daran, dass das Stallvieh besonders unruhig wird. Pflanzen und die niederen Tiere, wie die Insekten, sind ganz in die makrokosmischen Launen eingespannt. Sie reagieren auf Wetterstimmungen und, wenn man sie genau beobachtet, helfen sie bei Wetterprognosen. Wenn das Wetter gut bleibt, tanzen die Mücken, die Schwalben fliegen hoch, die Hängespinnen machen lange Fäden, die Ameisen halten ihre Gänge offen und die Spinnen weben feine Netze. Wenn das Wetter umschlägt, dann fliegen die Schwalben tief, die Bremsen, Schnaken und »Gewittertierchen« werden stechlustiger, die Ameisen knistern aufgeregt, eilen zum Bau zurück und schließen ihre Gänge, die Fichtenwälder nehmen ein düsteres Aussehen an, die Jauchegruben beginnen zu stinken, der Rauch will nicht zum Schornstein hinaus, die Blüten der Gänseblümchen schließen, die Schnecken kriechen ungeniert tagsüber auf den Gemüsepflanzen herum, die Katzen verdrehen ihren Kopf beim Schlafen, und die Rehe treten aus dem Wald und äsen auf den Weiden.

Auch die rein atmosphärischen Erscheinungen lassen brauchbare Schlüsse zu. Einige runde weiße Quellwolken am blauen Himmel bedeuten, dass das Wetter schön bleibt. Flache Wolken zeigen Kälte an. Schäfchenwolken dagegen sind Vorboten von Regenwetter: »Wenn die Engel Brot backen, regnet es am nächsten Tag«, heißt es da. Wenn Nebelschwaden aus den Wäldern aufsteigen – »wenn die Hasenmütter kochen« –, dann wird es bald wieder sonnig. Abendrot verheißt meistens schönes Wetter für den nächsten Tag; Morgenrot hingegen ist ein Zeichen, dass es regnen wird. Morgentau bedeutet einen schönen Tag, denn »Tau hält den Himmel blau«. Wenn dagegen die Sonne oder der Mond einen Hof haben, deutet das oft auf feuchtes Wetter in den folgenden Tagen.

Auch wenn die Regeln nicht hundertprozentig sicher sind, lassen sich durch Naturbeobachtungen Vorhersagen machen. Hier einige, an die sich auch Arthur Hermes hielt:

- Im Jura kann man anhand der Schneemenge, die im Winter auf den Gipfeln liegt, vorhersagen, ob die Quellen im Sommer genügend Wasser haben werden oder ob man mit dem Wasser haushalten muss. Andererseits bedeutet viel Schnee auf den Höhen, dass die Nachtfröste bis weit in den Frühling hineinreichen werden.
- Wenn die Bienen eine große Brut aufziehen, kann man auf ein gutes Jahr schließen; in einem Sonnenfleckenjahr, das durch unbeständiges Wetter gekennzeichnet ist, haben die Bienen eine geringere Brut.
- Nachdem der Kuckuck im Frühling ruft, gibt es keinen Frost mehr. Dasselbe gilt für das Blühen des Günsels; wenn dieser Lippenblütler seine hübschen blauen Blüten hervorbringt, ziehen sich die Frostzwerge zurück.
- Wenn die Ameisen im Sommer ihre Haufen stark ausbauen und höher machen und wenn die Zwiebeln dicke Schalen bilden, können die Bauern einen strengen Winter erwarten.
- Wenn die Laubfrösche laut quaken, rufen sie den Regen herbei.

Die meisten dieser Regeln stimmen. Bei einigen ist man nicht so sicher, ob es sich letzten Endes doch nicht um überlieferten Aberglauben handelt oder ob sie noch auf den alten Julianischen Kalender, den Vorläufer des heute gültigen Gregorianischen Kalenders, zurückgehen.

Eine alte Bauernregel, die für Hermes eine wichtige Rolle spielte, sagt einen nassen oder trockenen Sommer voraus:

»Grünt die Eiche vor der Esche, bringt der Sommer große Wäsche.
Grünt die Esche vor der Eiche, bringt der Sommer eine Bleiche.«

Über die Jahre habe ich im Frühling ebenfalls das Grünen der Eiche und der Esche bewusst beobachtet und konnte erkennen, dass diese Regel fast immer stimmt.

Zwiebelorakel in den Raunächten

Uns war es gegönnt, einmal die zwölf heiligen Weihnachtstage auf dem Michaelshof zu verbringen. Schon in vorchristlichen Zeiten war man sich gewahr, dass sich in diesen Tagen, in den Raunächten, der Himmel öffnet und uns die Geistwesen, Götter (Engel) und auch die Ahnen ganz nahe kommen. Wenn man nicht vom kommerziellen Rummel und den Weihnachtsprogrammen der Medien abgelenkt wird, ist es möglich, tief in die Seelenwelt zu schauen. Eine solche Zeit ist besonders günstig, das im Werden Begriffene zu erahnen und Zeichen darauf zu deuten, was die Zukunft bringen könnte. In dieser Gesinnung machte Arthur Hermes eine Wetterprognose für das kommende Jahr mithilfe einer Zwiebel. Am Silvesterabend teilte er diese in zwei Hälften, trennte zwölf Zwiebelschalen heraus und bestreute diese Näpfchen – mit einem Gebet –, mit jeweils einer Prise Salz. Aus der Menge der Feuchtigkeit, die sich in den Schalen ansammelte, las er ab, wie das Wetter in den kommenden zwölf Monaten jeweils werden wird. Er vorhersagte, ob und wie viel es regnen oder ob es zu einer anhaltenden Trockenheit kommen würde. Als naturwissenschaftlich geschulter Mensch war ich eher skeptisch, was die Prognose betraf. Er versicherte aber, das Orakel hätte er schon viele Jahre lang gemacht, und jedes Mal hätte es gestimmt.

Menschen sind fürs Wetter verantwortlich

Das Wetter ist für Bauern und Gärtner immer wichtig. Es bestimmt das ganze Jahr über den Arbeitsablauf. Ähnlich wie die heutigen »Klima-Aktivisten« glaubte Hermes, das Wettergeschehen sei nicht bloß ein natürliches Phänomen, auf das die Menschen keinen Einfluss hätten. Menschen beeinflussen laut Hermes durchaus das Wetter und Klima, aber nicht wegen Industrieabgasen und Verbrennungsmotoren, sondern weil die meteorologischen Erscheinungen mit dem kollektiven Seelenleben der Menschen verbunden sind. Wolken und Winde sind nicht nur physikalische Erscheinungen, sondern besondere Elementarwesen – Wolkengeister, Wassergeister, Windgeister –

verkörpern sich in ihnen. Sie reagieren auf die Schwingungen, die von den Menschen ausgehen. Wenn sich Hass der Seelen ganzer Völker bemächtigt, zeigt sich das in Kältewellen, so etwa wie unmittelbar nach den Weltkriegen. Wenn die Politiker und Führer der Menschen korrupt sind, dann wird das Wetter unbeständig, dann kommt es zu unzeitgemäßen Stürmen, extremen Regenperioden oder Hitzewellen. Dann werden auch die Elementarwesen zornig und, wie Hermes befürchtete, werden sich die Undinen zurückziehen, sodass es irgendwann keinen erfrischenden Morgentau mehr geben wird.

Anzeigerpflanzen und kosmische Zeitimpulse

Ein richtiger Gärtner oder Bauer braucht keinen Bodentest, um zu sehen, ob ein Boden süß (alkalisch) oder sauer ist, denn sogenannte Anzeigerpflanzen geben dem kundigen Auge zuverlässig Auskunft. Man muss nur hinschauen und wissen, was man sieht. Wo Sauerampfer, Ackerschachtelhalm, Knöteriche, Hahnenfuß, Hohlzahn, Ehrenpreis, Hederich, Ackerspörgel, Drahtschmiele, Wollgras, Sandstiefmütterchen und Borstgras dominieren, da hat man es mit sauren Böden zu tun, da gedeihen diese Säureanzeiger oder kalkmeidende Pflanzen gut. Kalk liebende Unkräuter, also Säure meidende Pflanzen, sind dagegen Rittersporn, Kleine Wolfsmilch, Nadelkerbel, Ackerhellerkraut, Saudistel, Huflattich, Storchenschnabel, Steinklee und etliche andere. Stickstoffmangel zeigt sich an vergilbtem Blattwerk und Phosphormangel an rotviolett-bräunlicher Verfärbung des Blattwerks und der Stängel sowie an gekräuselten Blättern oder solchen mit abgestorbenen Rändern. Bei Düngung mit gutem Kompost, der Anwendung von kompostiertem Mist oder Geflügelkotjauchen, bei Beachtung der Fruchtfolgen und der natürlichen Pflanzengemeinschaften treten diese Mangelerscheinungen jedoch kaum auf.

Hermes brauchte auch keine Armbanduhr. Ein mechanisches, ahrimanisches Gerät hätte er sowieso nie bei sich getragen. Die Sonne und der Mond waren seine Zeitmesser. Er konnte die Tageszeit am Vogelgesang erkennen; jede Art hat ihre bevorzugte Zeit, in der sie ihre Lieder schmettert. Auch das Öffnen und Schließen der Blüten folgt ganz bestimmten Rhythmen. Zum Beispiel schließt der Ackergauchheil um drei Uhr nachmittags seine hübschen backsteinroten Blüten; die Nachtkerze öffnet ihre brillant gelb leuchtenden Blüten nach Sonnenuntergang; die Wegwarte öffnet ihre blauen, zur Sonne gerichteten Blüten bei Sonnenaufgang und schließt sie wieder kurz vor Mittag.[13] Diese Rhythmen sind dermaßen genau, dass man, wie es im 18. und 19. Jahrhundert Mode war, eine *Blumenuhr* anpflanzen konnte, auf der man am Öffnen und Schließen der Blütenkelche bis auf eine Viertelstunde genau die Tageszeit ablesen konnte. In einer Epoche, als Uhren anfingen, in der

Gesellschaft eine große Rolle zu spielen, und das Modell lieferten, dass die Welt einem mechanischen Uhrwerk gleich funktioniere, imaginierte man sogar den Schöpfer als Uhrmacher, der die Welt konstruierte und aufzog, sodass sie nun von allein tickt. In dieser Epoche, in der das Chronometer zum Welterklärungsmodell wurde, pflanzte der große schwedische Biologe, Carl von Linné, eine Blumenuhr im Botanischen Garten in Uppsala an. Es war die erste Blumenuhr dieser Art. Es sind kosmische Rhythmen, die die jeweiligen Pflanzenarten aufnehmen und im Öffnen und Schließen der Blütenknospen spiegeln.

Es gibt übrigens auch eine pflanzliche »Duftuhr«: Manche Blüten duften am Morgen, manche zu Mittag, manche am Nachmittag und andere, welche Nachtfalter anlocken, während der Nacht.

Alte Sorten erhalten

Immer wieder hört man, dass alte Gemüse- und Getreidesorten leicht degenerieren, dass ihnen auf konventionellen Äckern die Krautfäule zusetzt und dass die landwirtschaftlichen Versuchsstationen deshalb gezwungen sind, ständig neue Sorten zu züchten. Arthur Hermes behauptete, dass das nicht so sein muss. Der alte Bauer zeigte mir seine Kartoffeln – eine kleine Sorte mit rosa Fruchtfleisch – und erklärte: »Hier ist eine Kartoffelsorte, die offiziell schon längst ausgestorben, degeneriert ist. Es ist die Rosenkartoffel, die ich aus der norddeutschen Heide mitgebracht habe.« Hermes hielt die Rosenkartoffel und eine andere, ebenfalls nicht mehr marktfähige Sorte, die gelbe Krauskartoffel, über mehrere Jahrzehnte bei kräftigem Wachstum. Das gelang ihm durch Kompostdüngung, dem Beizen der einzelnen herausgeschnittenen Augenstücke (Knospen) mit Holzasche, dem Mulchen mit altem Heu oder Grasschnitt und ganz besonders durch die Beachtung der Mondzeichen: Günstig sei etwa, wenn man sie in den Boden setzt, wenn sich der Mond in einem Erdzeichen, also in Stier, Steinbock oder Jungfrau befindet. Die Zeichen Skorpion, Schütze oder Krebs seien dagegen besonders ungünstig, denn dann würden die Erdäpfel kleiner sein, und der Kartoffelkäfer würde sie eher anfliegen.

Die Kartoffeln anzuhäufeln oder ihnen ein Hügelbeet zu geben, sei eine gute Idee. Auf diese Weise macht man für sie den »Lichtäther« und den »Wärmeäther« zugänglicher. Und wie immer muss man auch die Pflege der Erdäpfel mit liebevollen Gedanken begleiten, verriet er nebenbei.

13 Durch den zunehmenden Einfluss verschiedener elektromagnetischer Wellen ist der Rhythmus der Wegwarte heute leider weitgehend gestört. Die Blüten bleiben nun bis in den Nachmittag geöffnet, und sie wenden sich nicht mehr unbedingt der Sonne zu.

Man könne auch Kartoffeln revitalisieren, indem man sie nicht nur klont, also vegetativ vermehrt, indem man Jahr für Jahr dieselben Saatkartoffeln verwendet. Man kann sie auch genetisch auffrischen, indem man sie blühen und fruchten lässt, die Samen dann erntet und im folgenden Jahr aussät. Im ersten Jahr gibt es dann kleine Pflänzchen mit ganz kleinen Kartoffelknöllchen; wenn man diese dann ein Jahr später wieder pflanzt, bringen sie normal große Knollen hervor und diese sind bestens den lokalen Bedingungen angepasst.

»Oft sind wir einfach zu manipulativ, wir versuchen die Dinge zu erzwingen, anstatt der Natur zu vertrauen. Oft arbeiten wir gegen die Natur und machen uns zu viel Arbeit«, sagte Hermes. »Es wird zu viel im Garten gejätet. Oder schauen wir mal den Obstbaumschnitt an: Eine gute Regel ist es, nur ein Drittel von dem zu schneiden, was man sich auf ersten Blick vorgenommen hat.«

Kartoffel auf dem Feld.

»Coffee, Coffee ist mein Leben
Coffee ist ein Götter Tranck,
ohne Coffee bin ich kranck,
selbst der süsse Saft der Reben
muß Coffee den Vorzug geben.

Johann Gottfried Krause, »Erstes Bouquet«

TAGESLAUF: KAFFEEGESPRÄCHE UND ABENDUNTERHALTUNG

Jeden Morgen bei Sonnenaufgang begrüßten wir draußen vor dem Haus das Tagesgestirn mit einem eurythmischen I-A-O und sprachen einen zum Tag gehörenden Spruch. Ein solcher Morgenspruch, den Hermes uns wie ein Heiligtum ans Herz legte, war folgender:

»O Michael, in deinen Schutz befehle ich mich
und verbinde mich deiner Führung mit aller Herzenskraft,
dass mein Tag ein Abbild werde
deines schicksalswaltenden Wesens.«

Bei der Morgenmeditation schaute er für einen kurzen Augenblick direkt in die aufgehende Sonne, deren Licht dann Leib und Seele durchfluten sollte. »Das kann man aber nur, wenn das innere Licht, das Göttliche in uns stark genug ist, dagegen zu halten. Wenn das nicht der Fall ist, wenn unser Ich schwach ist, dann ist es gefährlich, dann kann es unsere Netzhaut schädigen«, warnte er.

Es folgte ein Frühstück mit recht grobem Haferbrei – die Spelzen waren oft gleich mitgekocht. »Das muss man schon vertragen können«, mahnte Hermes, »die bringen Ich-Kräfte in die Verdauung und putzen den Darm!« Wir kamen uns beim Essen dieses Hafers fast wie Pflugpferde vor.

Zum Trinken dazu gab es Tee aus selbstgepflückten Kräutern aus der Wiese und dem Garten. Auch diese Mischung war an einigen Tagen recht abenteuerlich. Kaffee gab es zum Frühstück nie, denn am Morgen sollte man sich nicht mit Koffein aufputschen, sondern »man soll nur Kaffee nach dem Mittagsessen trinken. Am Morgen müsste man genügend kosmische Kräfte aus dem Schlaf mitgebracht haben, um diesen Schub nicht zu benötigen.«

Der Kaffee-Schamane

Ein kurzes Schläfchen über Mittag gönnte sich der Alte nicht. Da nahm er lieber einige Tassen starken Kaffee zu sich. Dabei erklärte er seinen Besuchern, dieses »schwarze Gift« brauche der Mensch im heutigen Zeitalter, es sei notwendig für die geistige Weiterentwicklung der Menschheit. »Kaffee verdrängt den vegetativen Schlummer und rüttelt das Denken wach.« Ohne Weiteres würde er dem schlesischen Privatlehrer Daniel Stoppe zustimmen, der in seiner »Coffee-Cantate« von 1728 folgende Verse schrieb: »Ihr faulen Adern! Wartet nur! Mein Coffee wird euch schon belebt und munter machen … ihr müsst gleichwohl erwachen.«[14] Ja, Hermes liebte geradezu das schwarze aufputschende Getränk. Es war sozusagen seine Droge. Der Ethnobotaniker Christian Rätsch hätte ihn bestimmt einen »Kaffee-Schamanen« genannt.

Bei der Gelegenheit des Kaffeetrinkens erzählte Hermes seinen Besuchern gern von der Mittagsfrau. Das sei ein schönes, aber unheimliches Elfenwesen, eine Art Druckgeist, der vor allem während der Korn- oder Flachsernte den ermüdeten Feldarbeitern zu Mittag, wenn die Sonne sticht, beim Dösen erscheint und fleht: »Erlöse mich!« Wenn sie nicht aufwachten, dann strafte sie die Bauern mit heftigen Kopfschmerzen. Bei denjenigen, die es vermochten, aufzuwachen und einen Schluck Kaffee zu nehmen, verschwand der Spuk.

Wurzelkraft

Angeregt durch das psychotropische Getränk wanderte der Geist des Alten nun durch verschiedene Sachgebiete, darunter eines seiner Lieblingsthemen, die Ernährungsgeschichte der Menschheit: »Im goldenen Zeitalter lebten die Menschen von Milch, Honig und süßem Obst. Mit dem fortschreitenden Abstieg des Menschengeistes in die Materie wurden die kraftspendenden Getreide immer wichtiger. Die höchsten geistigen Wesenheiten offenbarten sich in den Getreidegräsern – der Christus im Korn, die Indianergottheiten im Mais, Freya in der Hirse, Buddha im Reis. Auch die Planeten drückten ihre Siegel in die Getreide. Ist nicht der bleiche, im Wasser wachsende Reis mondenhaft, die zum Brauen verwendete Gerste jupiterhaft und der Weizen sonnenhaft? Hat nicht der hitzige Hafer, den die Rosse lieben, etwas vom Mars? Und der Mais, dessen dicke, schwere Ährenkolben wie von der Schwerkraft halbwegs den Stängel hinuntergezogen werden, hat er nicht etwas vom bleiernen Saturn? Nun aber befinden wir uns im Kali-Yuga, im dunklen Zeitalter. Da braucht der Mensch zunehmend die Kräfte, die das Erdendunkel durchstoßen können: die Wurzelgemüse!«

Die Schädlichkeit des Duschens

Gesundheitliche Ratschläge gab er seinen Besuchern und Zuhörern immer gern. Nicht nur sollten sie Kaffee am Morgen meiden, ebenso unnütz seien gymnastische Leibesübungen, Morgenturnen oder Yoga. Die Arbeit im Stall, im Garten und auf dem Acker seien genug, um den Kreislauf in Schwung zu halten und die Gelenke und den Muskeltonus zu mobilisieren. Offensichtlich dachte er nicht an die Städter, deren Aktivität vor allem im Sitzen besteht. Seine Welt war eben der Bauernhof, und da gibt es tatsächlich immer genügend körperliche Betätigung.

Mit dem vielen Waschen oder gar Baden hatte er nichts am Hut. Bei jemandem, der sich gut ernährt – also fleischlos – und vor allem seine Gedanken rein und auf hoher spiritueller Vibrationsebene hält, da säubere sich der Körper ganz von allein. Was wir in der Seele herumtragen, kommt nämlich irgendwann wieder auf körperlicher Ebene, auf der Haut und in der Ausdünstung, zum Ausdruck. Wer Hass, Neid und Gier in sich trägt und wessen Geist bösen, lasterhaften und unguten Gedanken anhängt, den kann man wortwörtlich nicht riechen. So jemand muss sich ständig waschen, duschen, Deos und Duftstoffe verwenden.

Wer hohe geistige Schwingungen hat, hat dagegen einen angenehmen Körpergeruch. Als Beispiel nannte er die Edelfrau Caroline von Heydebrand, eine Pionierin der Waldorfpädagogik. Sie verströmte immer einen angenehmen Rosenduft, sagte Hermes voller Bewunderung. Christine war sich bei dieser Geschichte nicht ganz so sicher: Könnte es etwa sein, dass sich die edle Frau mit ätherischem Rosenöl betupfte?

Von sich selbst sagte Arthur Hermes, er habe seit Jahrzehnten nicht mehr gebadet. Er halte sich mit Meditationsübungen sauber. Ich muss zugeben, er roch eher angenehm. Er roch nach Rauch und Erde, nach Kräutern und ein bisschen nach Kühen.

»Außerdem«, fügte er hinzu, »das ständige Waschen, insbesondere das Duschen, wäscht den Ätherleib weg.« Ähnliches hatte ich schon anderswo gehört, von dem alten Gärtner John Beck, dem ich als Junge in Ohio im Garten ausgeholfen hatte. Bei ihm war es aber nicht der Ätherleib, der drohte weggewaschen zu werden, sondern die Knochen würden dadurch weich werden.

Diese Scheu vor dem Wasser hat historische Wurzeln. Im 16. Jahrhundert, als die von Columbus aus Amerika eingeschleppte Syphilis wütete, kamen die Herren Doktoren zum Schluss, dass Baden und Waschen gefährlich seien, denn sie würden die Poren öffnen und die »Miasmen« oder winzigen Würmer, die die Krankheit verursachen, würden so Zugang zum Körper finden. Daher wurden die Badehäuser, in denen es meistens recht lustig zuging, aus hygienischen Gründen geschlossen. Besser wäre es, lehrten sie, sich mit parfümiertem Alkohol, Franzbranntwein und Duftwasser einzureiben.

14 Schulze, Hans-Joachim, *Ey! Wie schmeckt der Coffee süße*. Verlag für die Frau, Leipzig 1985, Seite 31.

Artur Hermes war Vollvegetarier. Er lehnte Fleischverzehr ebenso ab wie das Trinken alkoholischer Getränke. »Alkohol betäubt die feinstofflichen Nerven, die uns mit der geistigen Welt verbinden, ja, tötet sie ab.« Er sei nichts für spirituelle Sucher; zudem kann man sich, wenn man trinkt, nicht so gut an seine Träume erinnern. Das erklärte er mir, wissend, dass ich gern mal ein Bier trinke. Als Ethnologe kann ich ihm jedoch recht geben, denn die naturnahen Völker, die noch eine gewisse Hellsichtigkeit bewahrten, haben, seit sie mit der modernen Zivilisation in Berührung kamen, ein großes Problem mit der Trunksucht. Ich kenne das allzu gut von meinen Freunden aus dem Cheyenne-Reservat. Diese Menschen haben nicht gelernt, sich von den einflutenden Eindrücken der technologisierten Welt abzuschotten, sie haben es noch nicht vermocht, sich seelisch zu verpanzern, wie es bei den abgestumpften Zivilisationsmenschen der Fall ist. Mit Alkohol gelingt es ihnen, sich angesichts der kalten, eher brutalen Funktionalität der Moderne zu betäuben und ihre Sensibilität zu dämpfen.

Obwohl seine Nachbarn unten im Tal Weinbauern waren, fand Hermes keine guten Worte für den Rebensaft. Der Wein – mehr als Bier – wirke konservierend. Alte Gedanken und historische Vorstellungen, die längst überwunden, längst zu etwas Lebendigem hätten metamorphosiert sein sollen, bleiben erhalten wie geistige Mumien. Wein mumifiziert. Der Aussage Rudolf Steiners folgend, betonte Hermes: »Der Wein, das Blut der Erde, spielte einst in der Antike, eine wichtige Rolle in der Weiterentwicklung der Menschheit; er brachte die schwebenden Seelen herab auf den Boden des Erdenbewusstseins. Die Menschheit sollte die materielle Welt erkennen. Der Wein hat eine rauschhafte, feurige Wirkung, die bis ins Blut geht, die Seele fester ans Stoffliche bindet und das Schauen der geistigen Welt trübt. Das Getränk machte die Menschen materialistischer und auch egoistischer. Das war einst eine notwendige Erfahrung. So war es auch dann im Christentum: Die geistige Dimension wurde weniger gesehen, sondern durch Glauben ersetzt. So verloren wir aus den Augen, dass es so etwas wie Wiederverkörperung und Karma (Tatenvergeltung) gibt. Aber nun ist es an der Zeit, dass sich unser Bewusstsein wieder erweitert, dass wir die geistige Welt wieder wahrnehmen und dass wir diese Wahrnehmung nicht mit Alkohol dämpfen. Deswegen hat die Weinrebe ihre historische Mission erfüllt. Wir Menschen brauchen sie nicht mehr. Die Rebe sollte sich nun vom irdischen Plan zurückziehen. In der zweiten Hälfte des 19. Jahrhunderts kam die Reblaus, um den Weinstock zum Aussterben zu bringen – die Winzer sprechen von der ›Reblauskatastrophe‹. Hinzu kam der verheerende Mehltaubefall, die ›Mehltaukrise‹. Hätte man keine resistenten Wildweinarten in Amerika gefunden und die althergebrachten, europäischen

Edelreiser auf deren Wurzeln gepfropft, wäre die Pflanze des Dionysos praktisch ausgestorben. Und noch immer braucht sie die Unterstützung von Schwefel und Fungiziden, um zu überleben.«

Wahrscheinlich hatte der alte Weise recht. Welcher Student oder Jugendliche kennt nicht die Folgen des übermäßigen Weingenusses – das hilflose Klammern an der Kloschüssel, während man sich übergibt, und den heftigen Kater am folgenden Morgen? Aber hatte Jesus nicht auch Wein getrunken? Ja, sogar Wasser in Wein verwandelt? Und ist der Weinkelch, neben dem Weizenbrot, nicht das Herzstück des christlichen Abendmahlkultes?

Ich muss zugeben, wir jungen Gärtner hatten in unserem Garten an der Rhone durchaus mystische Erlebnisse beim Trinken einiger Flaschen *Côte du Rhône.* Bei Vollmond trafen wir uns ganz spontan im Gartenhaus, machten Musik – wenn keine Gitarre vorhanden war, tat es auch ein auf volle Lautstärke gestelltes Kofferradio. Wir gerieten in Ekstase. Ein göttlicher Wind schien durch uns hindurchzuwehen. Wir tanzten Tänze, die man in keiner Tanzschule lernen würde. Reigen tanzten wir; das Stampfen unserer Füße schien die Erdgeister zu wecken. Die Naturgeister aus dem naheliegenden Wald fuhren in uns ein, und es war, als tanzten sie uns; benutzten uns, so wie virtuose Musiker ihre Instrumente benutzen. Sie bewegten mit ihrer Musik die Lebensenergien und tanzten die Fruchtbarkeit des Gartens herbei. Tatsächlich verbesserten sich die Ernteerträge jedes Jahr.

Später wurde mir klar, was da geschah. Wir arbeiten ja biodynamisch, wobei das *bio*logische für mich den liebevollen, giftfreien Umgang mit Erde, Pflanzen und Tiere bedeutete; das *dynamische* dagegen war diese – im wortwörtlichen Sinn – Begeisterung, dieses euphorische Ergriffensein von den Naturwesenheiten, die sonst unsichtbar im Gemüse- und Obstgarten und dem angrenzenden Wald mit uns arbeiteten. Durch diese ekstatischen Erlebnisse war es mir als Kulturanthropologen später möglich, die oft wilden, orgiastischen Fruchtbarkeitsriten und -tänze vieler indigener Bauern- und Gärtnergesellschaften zu verstehen.

Unsere Vollmondfeiern im Garten, bei denen meistens ein Lagerfeuer brannte oder im Winter der Ofen im Gartenhaus glühte, entgingen den Argusaugen des unduldsamen Christengemeinschaftspriesters nicht. Er war entsetzt. Für ihn war es »wiederaufkeimendes Heidentum«, oder wie er es nannte: *atavistisches* Treiben. Er setzte alles daran, es zu verbieten.

Arthur Hermes hatte ebenfalls wenig Sympathie für solche wilden Feste, und was wir erlebten, galt auch für ihn als Anthroposophen als primitives atavistisches Hellsehen. Dabei, ohne dass er sich dessen bewusst war oder dass er es wahrhaben wollte, lebte sehr viel von diesem alten atavistischen Hellsehen auch in ihm. Er war auf einem kleinen Bauerndorf in der Lüneburger Heide aufgewachsen, wo seine Vorfahren schon seit eh und je Bauern waren;

Geister, *Düvels* und *Spöken* sowie *Spökenkieker*, die die Spukgeister hellseherisch wahrnehmen konnten, waren ihnen nicht fremd. Auch Arthur brachte eine derartige natürliche Hellsichtigkeit mit. Ich hatte aber den Eindruck, dass er Schwierigkeiten hatte, sie in sein anthroposophisches Weltbild zu integrieren.

In seinen Geburtsort am Rande der Lüneburger Heide hatte es auch Erntefeste, Kirmes, Hochzeiten und dergleichen gegeben, wo getanzt und viel getrunken wurde. Da haben sicherlich die Kobolde, Naturgeister und – unerkannt – die Frau Holle mitgefeiert. Seine Familie betrieb ein Wirtshaus, wo es einen Stammtisch gab und wo die Bauern und Knechte am Abend ihr Bier tranken. Der junge Arthur musste beim Bewirten mithelfen. Nicht alle Gäste, erzählte er, waren angenehm, und manche soffen zu viel. Vielleicht rührte seine Abneigung dem Alkohol gegenüber auch davon her. Egal ob die Wirtshausbesucher angenehm oder unangenehm waren, seine Eltern bläuten ihm ein, dass er zu allen höflich zu sein habe. Diese Einstellung blieb sein Leben lang.

Auf jeden Fall war Hermes wie ein Guru für mich und für Christine. Und mit Ausnahme von einem gelegentlichen Bierchen mit Freunden hielten wir uns noch lange an seine Anweisungen.

Männlein und Weiblein

Einmal erzählte Hermes vom Unterschied zwischen Mann und Frau. In der heutigen Zeit, in der die geschlechtliche Identität fließend ist, in der man das biologische Geschlecht (englisch *sex*) vom soziologischen Geschlecht (englisch *gender*) unterscheidet, wobei es inzwischen 72 Gender-Identitäten gibt, sind seine Aussagen nicht uninteressant.

Auf der physikalischen Ebene, erklärte Hermes, empfängt die Frau den Samen des Mannes und gebiert den Nachwuchs. Auf der ätherischen, feinstofflichen Ebene sei es umgekehrt. Da empfängt der Mann Inspirationen von der Frau, sie befruchtet ihn und er gebiert daraufhin Ideen als »Geisteskinder«. Es gäbe zwar Ausnahmen, aber deswegen sind, historisch gesehen, die meisten Philosophen, Staatsmänner, Ingenieure, Schachmeister, Künstler und Erfinder Männer. Die Frauen wirken – ohne dass darüber viel geredet wird – als Musen, als Befruchter des männlichen Geistes. Es heißt ja auch, hinter jedem erfolgreichen Mann steht eine starke Frau.

Auf der seelischen Ebene, der Astralebene, der Ebene der Gefühle und Emotionen, gibt es kaum Unterschiede, da sind Frauen und Männer mehr oder weniger gleich. Und schließlich auf der geistig-spirituellen Ebene, bei den Engeln etwa, gibt es weder männlich noch weiblich.

Was für eine ungewöhnliche Anthropologie! Eine unserer Freundinnen, die gerade eine unglückliche Liebesaffäre hinter sich hatte und nicht gut auf

Männer zu sprechen war, erhob Einwand. Es sei vor allem wegen der patriarchalen Unterdrückung der Frauen, dass die Frauen weniger im Vordergrund stehen, behauptete sie. Was Hermes sagte, sei reaktionär. Nun, als Anthropologe wusste ich, dass die Idee des Matriarchats vor allem auf die von Friedrich Engels postulierte marxistische Doktrin zurückgeht. Er setzte der ausbeuterischen, patriarchalen, kapitalistischen Industriegesellschaft des 19. Jahrhunderts eine matriarchalische, kommunistische Urgesellschaft entgegen, eine utopische Gesellschaft, in der die Mütter das Sagen hatten, freie Liebe herrschte und es noch kein Privateigentum gab. Marxistische Ethnologen haben mit wenig Erfolg versucht, diese Theorie mit Beispielen, etwa die neolithische Donaukultur oder die matrifokale Kultur der Irokesen, zu untermauern. Völkerkundliche Studien zeigen, dass bei Jäger-und-Sammler-Kulturen Männer und Frauen gleichwertig sind. Das war sicherlich auch so bei unseren steinzeitlichen Vorfahren. Schließlich verbrachte die Menschheit 99 Prozent ihres Daseins als sammelnde und jagende Wildbeuter.

Aber ich will mich an dieser Stelle nicht weiter in dieses kontroverse Thema verheddern, da ich die kulturhistorischen Hintergründe anderswo diskutiert habe.[15] Kehren wir zurück in Hermes' gemütliche Bauernstunde und lauschen, was er noch zu sagen hat.

Bauernränke und Rätsel

Selbstverständlich gab es auf dem Michaelshof weder Fernsehen noch Radio noch Schallplattenspieler, geschweige denn Internetanschluss. Dennoch waren die Abende oder die Zeit mit Besuchern nie langweilig, sondern eher gemütlich. Wie man es seit Jahrhunderten tat, erzählte man sich wahre und nicht ganz so wahre Geschichten und manchmal auch etwas, was alle zum Schmunzeln brachte: »Die dicksten Bauern haben die dümmsten Kartoffeln«, hieß es dann zum Beispiel oder: »Sagt die Kuh zum Polizisten: ›Mein Mann ist auch Bulle.‹« Oder: »Da fragt der Tourist, warum die Kühe eine Glocke um den Hals haben? Antwortet der Bauer: ›Damit sie beim Fressen nicht einschlafen!‹«

Manchmal spielte auch Haidfried, der Sohn von Hermes, etwas auf seiner selbstgebauten Geige vor. Dabei ging es dann ganz zeremoniös zu. Würdevoll und mit ernsthafter Mine strich er mit dem Bogen über die Saiten, aber ein Yehudi Menuhin oder Isaak Stern war er dennoch nicht.

15 Siehe Wolf-Dieter Storl, *Urmedizin*, AT 2015, Seite 97f.

Eines Abends sagte Hermes: »Passt mal auf! Ich werde jetzt die Welt verändern!« Was für eine Zauberei hatte der alte Meister nun wieder im Sinn? Er nahm ein Stück Papier und einen Bleistift. Ganz feierlich bewegte er den Stift im Kreis, drückte ihn dann auf das blanke Blatt und hinterließ einen kleinen schwarzen Abdruck. »Seht ihr. Dieser Punkt ist vollkommen neu! Den hat es im gesamten Universum vorher nicht gegeben. Ich habe die Welt damit verändert!« Ich konnte mich nicht gegen den Verdacht erwehren, dass hinter diesem kleinen Zaubertrick eine pädagogische Absicht steckte: Alles, was wir tun, jede Tat, jedes Wort, jeder Gedanke verändert das Universum. Man sollte also auf alle seine Taten achten und sie mit Bewusstsein begleiten.

Manchmal erzählte Hermes typisch rustikale Geschichten, die wir viel lieber hörten als seine anstrengenden anthroposophischen Erläuterungen oder das Vorlesen von Steiners Texten. So erzählte er etwa von einem Bauern im Schwarzwald – er kannte ihn anscheinend –, der in den Supermarkt ging, um eine Kleinigkeit zu kaufen. Da sah er, dass es tiefgefrorene Hühnchen im Sonderangebot gab. Ja, so ein Hühnchen würde schmecken. In einem schwachen Moment, als niemand schaute, griff der Bauer einen steinhart gefrorenen Vogel und steckte ihn unter seinen Hut. Leider war die Kundenschlange an der Kasse lang, sodass er länger warten musste, als es ihm lieb war. Nicht nur schmerzte seine Kopfhaut wegen der Kälte, sondern das Tiefkühlgut fing an zu tauen, sodass Wasser von Rande des Hutes tropfte. Der arme Schelm konnte es jedoch nicht wagen, den Hut abzunehmen, zumal ihn die Kassiererin wie auch die anderen im Laden kannten.

Ein andermal erzählte Hermes von einem weiteren Nachbarbauern, den er aus der Zeit kannte, als er noch im Schwarzwald gelebt hatte. Diese Bauernfamilie nahm im Sommer wie im Winter Urlauber auf. Einmal im Spätwinter, es lag noch viel Schnee, da kommentierte ein hochnäsiger Tourist aus Hamburg, dass er so viel Schnee seit Langem nicht gesehen hatte.

»Wie lange bleibt der Schnee denn hier liegen?«, fragte der Urlauber.

»Nun«, gab der Bauer etwas hochstapelnd dem Neugierigen zur Antwort, »bis in den Sommer und in den tiefen Tobeln noch bis August!«

Der Besucher schüttelte den Kopf. »Bis August bestimmt nicht. Das ist doch der heißeste Monat! Ich wette mit Ihnen um tausend Mark, dass im August hier kein Schnee mehr zu finden ist. Wenn ich recht habe, schulden Sie mir tausend Mark.«

Wenn man Bauern kennt, dann weiß man, dass sie immer darauf bestehen, recht zu haben. Es fällt ihnen schwer zuzugeben, dass sie mit einer Sache mal daneben liegen könnten. Also schlug der Bauer ein. »Kommen Sie im August wieder und sehen Sie selber!«

Als der Norddeutsche abgereist war, war der Bauer besorgt und sagte zu seinem Sohn: »Heilandsack, was für e Dubel bin i! Was machen wir nun?«

»Wenn wir den ganzen Winter über Schnee auf den Wagen packen und in der schattigsten, tiefsten Schlucht abladen, dann könnte es sein, dass wir uns den Tausender verdienen«, schlug dieser vor.

Es gelang ihnen tatsächlich. Ganz tief im Tobel war noch etwas zusammengepackter, schmutziger Schnee, als der Urlauber im August wiederkam. Bauern sind eben schlau. Aber das Transportieren des Schnees den ganzen Winter lang und das Abladen in die Schlucht war eine Mordsarbeit. Das Geld war sauer verdient. Vielleicht sind die Bauern doch nicht so schlau ...

Neben dem Erzählen solcher köstlichen Schwänke zerbrachen wir uns auch die Köpfe mit Rätseln, die Hermes aufgab. Die Antwort sagte er nicht gleich. Manchmal dauerte es Tage, bis einem das Licht aufging. Hier nun einige Rätsel, an die ich mich erinnern kann. Auch hier will ich die Antworten nicht gleich verraten (sie sind unten in der Fußnote angegeben):

Aus dem Igel, eins, zwei, drei, schlüpft das braune, runde Ei.[16]

Es steht etwas am Rain,
hat nur ein Bein
und hat sein Herz im Kopf.[17]

Vorn lebendig, in der Mitte tot,
hinten mag's gern Käs und Brot.[18]

Wer geht auf dem Kopfe in die Kirche?[19]

Ich hab ein Loch
und mach ein Loch
und schlüpfe auch durch dieses noch.[20]

Was brennt ums ganze Haus,
un's Haus verbrennt doch nit?[21]

An humorvollen Kommentaren fehlte es bei Hermes auch nicht. Hatte eine Besucherin einen schreienden Säugling oder ein Kleinkind auf dem Arm, sagte er: »Das hat Talent, das wird mal Opernsänger!« Und nach dem Besuch eines verliebten Pärchens kommentierte er: »Die haben sich zum Fressen gerne. Nach einigen Jahren werden sie bereuen, dass sie es nicht getan haben.«

16 Eine Kastanie.
17 Ein Kohlkopf.
18 Ochse, Pflug und Bauer.
19 Der Schuhnagel.
20 Die Nähnadel.
21 Die Brennnessel.

»Des Bauern Handschlag, edler Herr, ist auch ein Manneswort!«

Friedrich Schiller, Wilhelm Tell

WAS DIE ZUKUNFT BRINGEN WIRD

Wenn die Gespräche auf die Politik kamen, wurden Arthur Hermes' Kommentare durchaus ernst. Mit Politikern, Staatsführern, Beamten, Offizieren und anderen Autoritäten und Entscheidungsträgern hatte er in seinem Leben – dieses erstreckte sich von der Kaiserzeit über Weimarer Republik und Nazizeit bis in die neu gegründete Bundesrepublik – viele Erfahrungen gemacht. Und zwar meistens keine guten. Seine Abneigung fing in der Dorfschule in der plattdeutschen Heide an, mit einem arroganten Lehrer, der aus der Großstadt kam, ein befremdliches, gestelztes Hochdeutsch sprach und kein Mitgefühl mit der Natur oder dem Bauernleben hatte. In den schlammigen, blutgetränkten Schützengräben im Ersten Weltkrieg lernte er Offiziere kennen, die zwar schneidig daherkamen, denen aber in brenzligen Situationen oft das Rückgrat und die Opferbereitschaft fehlten, die einfache Soldaten, Bauern- und Arbeitersöhne meistens aufbrachten. Für Hermes mussten Worte wahr sein und die Taten selbstlos, das hatte er als Bauernjunge gelernt. Aber meistens erlebte er, dass die Autoritäten voller Ehrgeiz, Geltungssucht und Egoismus waren – gepaart mit Feigheit. Diesen verweigerte er immer Respekt, eine Einstellung, die ihn in der Hitlerzeit fast das Leben gekostet hätte. Er hatte im Grunde genommen eine anarchistische Natur.

Politische Kommentare

»Die Politiker sind von der geistigen Führung abgeschnitten.« Diesen markanten Satz wiederholte er öfters, wenn es um das politische Tagesgeschehen ging. Sie seien nicht in ihrem »Ich«, ihrem göttlichen Wesenskern, verankert. Die meisten von ihnen haben für Macht, Ruhm, Privilegien und Reichtum ihre Seele an den Teufel verkauft. Es sind dämonische Mächte, denen sie ihre Eingebungen und Ideen verdanken. Vielleicht denken solche Leute, es seien ihre eigenen Gedanken, die sie da von sich geben und in Taten umsetzen, aber das sind sie nicht. Wenn wir nicht in unserer Mitte sind, in Christus, der uns erleuchtet, dann sind es andere geistige Mächte, deren Einflüsterungen und Blendwerke durch uns wirken. Es können ahrimanische Wesen sein, kalte, gefühllose Entitäten, die verkünden, dass Spiritualität, Seele und Gott Illusionen sind, dass in Wirklichkeit nur die materiell-energetische Dimension existiert und dass diese sich nur durch den Intellekt, den berechnenden Verstand erkunden lässt. Dieser ahrimanische Geist verkörpere sich in der Maschinenwelt, im Strom, in der Kernkraft und vor allem im Computer. Wenn wir diese technischen Innovationen nutzen, dann sollten wir wenigstens ihren geistigen Ursprung kennen und mit einer spirituellen Geisteshaltung ausgleichen.

Ahriman schenke jenen ängstlichen, kontrollsüchtigen, schwachen und oft überintellektuellen Menschen mit seinen Inspirationen illusionäre Macht. Ein Wesensmerkmal dieses Widersachers ist die seelische Enge, die Angst. Deswegen ist die zwanghafte Kontrollsucht ein Charakteristikum derjenigen, die von diesem kalten Geist besessen sind. Auch Geiz, Unbarmherzigkeit, Lieblosigkeit und Unduldsamkeit gehören dazu. In grausamen Tier- und Menschenversuchen, in der Anwendung von Bioziden und dergleichen offenbart sich der ahrimanische Geist. Der Christusgeist zeigt sich dagegen in Freiheit, Lebensfreude, Duldsamkeit, Seelenwärme und Liebe. Es ist der Geist der kosmischen Sonne, der das Leben fördert. Dieser gute Geist kann auch in unserem Herzen leben; er zwingt nicht, er lässt uns frei. Wenn wir wollen, dass er in und durch uns wirke, müssen wir unsere Seelentür öffnen und ihm Einlass gewähren. Das geschieht aus eigener Entscheidung, nicht durch Nötigung.

Neben Ahriman gibt es auch andere kosmische Geister, die die Macht haben, den Menschen zu verführen. Es sind die luziferischen Mächte. Diese wurden nach Luzifer – »dem Lichtbringer« – benannt, jenem hochmütigen Engel, der sich mit Gott gleichstellte und dafür vom Himmel gestürzt wurde. Im Alten Testament erscheint Luzifer als die listige Schlange, die Eva – Symbol für die Menschenseele – in Versuchung bringt und ihr verspricht, dass sie den Göttern an Weisheit gleich wird, wenn sie die verbotene Frucht pflückt und isst. In Goethes *Faust* erscheint Luzifer in der Gestalt des Mephistopheles. Während Ahriman die Kraft der Verhärtung darstellt, stellt Luzifer die Kraft der Auflösung, der Bewusstseins-Entgrenzung dar. Er führt die Menschen in die Welt der süßen Träume, in den realitätsfernen Rausch, weg von der Realität ins schillernde Schöngeistige, ins Illusionäre.

Für den Bauern Arthur Hermes entsprach diese Sichtweise der Wirklichkeit, wie man sie tagtäglich erleben konnte. Die armen Rinder, Schweine und Hühner in qualvoller Massentierhaltung, Tiere, die nicht mehr als fühlende, leidende Seelen wahrgenommen werden; der Einsatz von Herbiziden, Pestiziden und Kunstdüngern, die den Boden töten – all das trug für ihn die Handschrift des lebensfeindlichen ahrimanischen Geistes. Die verträumten, alternativen Landkommunen, wo junge Leute, die vom Geld ihrer Eltern lebten und sich lieber einen Joint reinzogen als zu arbeiten, waren für Hermes Ausdruck des luziferischen Geistes. Für ihn dagegen war das nüchterne, arbeitssame, traditionelle Bauerntum, geprägt von einer innigen liebevollen Beziehung zur Scholle, zu den Pflanzen und Tieren das Ideal. »Die Erneuerung der Kultur wird vom Bauerntum kommen!« Das war eine Redewendung, die man bei ihm immer wieder zu hören bekam.

Hermes widmete sein Leben dem Kampf gegen diese lebensfeindlichen, verführerischen geistigen Mächte, die den Menschen aus seiner Mitte reißen und ihn versklaven oder gar auslöschen wollen. Dabei rief er den kosmischen Streiter für das Gute, Erzengel Michael, zu Hilfe, der mit seinem flammenden Schwert den Drachen töten und in den Abgrund stürzen wird. Deswegen hatte er seinen Hof »Michaelshof« genannt. Es war der geistige Kampf als Mitstreiter von Michael, den Hermes da führte. Dabei hob er hervor: Man sollte keinen Menschen, der von den dämonischen Mächten geknechtet ist, hassen oder ablehnen. »Wir kämpfen nicht gegen Menschen, sondern gegen Mächte!« Das betonte er immer wieder.

Ähnlich wie Abraham Lincoln, der einst sagte: »Man kann alle Leute eine Zeitlang täuschen und einige immer täuschen, aber man kann nicht alle Menschen die ganze Zeit täuschen«, meinte auch Arthur Hermes, dass eines Tages die einfachen Menschen aufwachen werden und merken, dass sie von den Herrschenden betrogen und belogen wurden. Dann Gnade den Professoren, Beamten, Propagandisten und falschen Schreiberlingen Gott. Dann wird es Aufstände geben und die hohen Herren werden ihres Lebens nicht mehr sicher sein.

Vorhersagen und Weissagungen

Für viele, besonders für die eher idealistischen Jugendlichen, war Arthur Hermes der archetypische alte Weise vom Berg, der Prophet, der in die Zukunft schauen kann. Diese Rolle schien er ohne Weiteres bereitwillig anzunehmen. Ein neues Zeitalter, verkündet er, sei im Anbruch. Es sei jedoch nicht das von vielen ersehnte »Wassermannzeitalter« (*the Age of Aquarius*), das im Begriff sei, das »Fischezeitalter«[22] abzulösen. Es sei nicht *New Age,* das Zeitalter der freien Liebe, Toleranz und Selbstverwirklichung, von dem die Hippies und Esoteriker träumten und dessen Beginn auf den *Summer of Love,* 1967, in Haight-Ashbury (San Francisco) datiert wurde. Mit seinem in allen Medien monatelang ausgestrahlten Song *If you're going to San Francisco, be sure to wear some flowers in your hair*[23] hatte der Sänger Scott McKenzie die unerfahrenen, idealistischen Jugendlichen wie ein Rattenfänger geködert. 100 000 kamen nach Kalifornien

22 Die Benennungen beziehen sich auf den Übergang des Frühlingspunktes (äquinoktiale Präzession) von dem Tierkreiszeichen »Fische« in das des »Wassermanns«, ein Wechsel der Position, der ungefähr alle 2200 Jahre stattfindet.

23 If you're going to San Francisco (Wenn du nach San Francisco kommst), Be sure to wear some flowers in your hair (Steck Blumen in dein Haar). If you come to San Francisco (Wenn du nach San Francisco kommst), Summertime will be a love-in there (Im Sommer, das wird ein Liebestreffen sein).

gepilgert, wobei viele sich Geschlechtskrankheiten und Drogenabhängigkeit einhandelten. Das *New Age* begann auch nicht mit dem dreitägigen Woodstock-Festival im August 1969 im Hinterland des Staates New York, wo sich 400 000 junge Leute der freien Liebe, Musik und Psychedelika hingaben. Auch das Musical »Hair«, das ab 1967 auf vielen Bühnen zelebriert wurde, kündigte kein neues Zeitalter an. Nein, sagte Hermes, es stehe eine andere Zeit bevor. Eine Zeit, in der sich ahrimanische Widersachergeister mit den luziferischen Geistern verbinden, in der sich technokratische Seelenkälte mit dem schwärmerischen Wahnsinn paaren. Viele Menschen werden aus ihrer Mitte – der Christusmitte – gerissen werden. Die Menschheit wird sich immer mehr der Maschinenwelt anpassen müssen und zugleich immer mehr ihre Bodenständigkeit und Verbindung zu Mutter Erde verlieren. Während Maschinen, elektronische Rechner und Roboter zunehmend das Leben beherrschen, werden sich die Menschenseelen immer mehr in den künstlichen Welten der belanglosen Unterhaltung, der Perversionen und abstrakten Fantasien verstricken. Dabei sollte man wissen – so Hermes –, dass das Unnatürliche, das Bizarre und das Krankhafte »Hingucker« sind; sie faszinieren die menschliche Psyche. So wird die Aufmerksamkeit der Massen gekapert und besetzt.

Der Ausweg? Einzig die bewusste, persönliche Entscheidung, die Hinwendung zur eigenen Mitte, kann uns gegen den Wahn feien. In dieser schwierigen Zeit, werden zudem immer mehr Kinder geboren, die hellsichtig sind. Sie sind die Hoffnung. Und unsere Aufgabe – die Aufgabe der älteren Generation – sei es, diese jungen Menschen zu schützen.

Eine weitere Vorhersage wagte Hermes von sich zu geben: Frieden sei ein höchstes Gut, sagte er. Er wusste, wovon er sprach, denn zwei Weltkriege hatte er miterlebt. Aber in naher Zukunft würde der »schreckliche Frieden« ausbrechen. Kein echter Friede sei das, sondern ein von den ahrimanischen Weltherrschern erzwungener globaler Friede, der auf Gewalt, ständiger Überwachung und Unterdrückung basiere, der mit brutalen faschistischen Mitteln durchgesetzt wird und nichts mit Freiheit zu tun habe. Es sei der »Friede« des Antichristen.

Inzwischen sind fünfzig Jahre vergangen, seit der alte Bergbauer diese Weissagungen machte. Manche würden ihn heute als Verschwörungstheoretiker, »Schwurbler« oder gar als »Aluhutträger« abtun. Aber wenn man sich die gegenwärtigen, immer schneller sich abspulenden Veränderungen vor Augen führt – die Entwicklung von Cyborg-Technologie, der künstlichen Intelligenz (KI), Chip-Implantierung, die Evolution zum Transhumanismus und zur absoluten Überwachung der Bevölkerung –, dann könnte man meinen, der Alte könnte doch einen richtigen Riecher gehabt haben.

»Die Menschen werden am vollen Tisch verhungern«

Sehr viel haben wir über tier- und pflanzenfreundliche, naturnahe Landwirtschaft gesprochen. Das war selbstverständlich, denn ich war begeisterter biodynamischer Gärtner und Hermes mit Leib und Seele Bauer. Er warnte davor, die Felder, Wiesen und Gärten den gigantischen Maschinen und der Chemie zu überlassen. Das Land brauche den Menschen; der Boden, die Pflanzen und Tiere seien angewiesen auf das begleitende menschliche Bewusstsein. Denn auch wir sind Kinder der Mutter Erde. Die Mineralwelt verkörpert den physischen Leib der Erde, die Vegetation den Ätherleib (den Bildekräfte- oder Energiekörper) der Erde, die Tiere verkörpern die Seele, den Astralleib der Erde. Und die Menschen, was verkörpern sie? Sie sind der inkarnierte selbstbewusste Geist des Erdorganismus. Wir sind es, die auf die Erde blicken und sagen können: »Ach, wie schön bist du!« Unsere Bewunderung ist eine Kraft, welche die Geschöpfe im *Da-Sein* hält. Der beste Naturschutz wird nicht durch politischen Aktivismus gewährleistet, sondern durch unsere Liebe und unser Bestaunen. Ohne uns würde der Erde etwas Wesentliches fehlen. Auch die Elementarwesen, die Naturgeister und Landschaftsengel, sie brauchen uns. Wir sind nicht, wie uns ahrimanische Geister einreden wollen, Schädlinge oder Parasiten auf diesem Planeten, die am besten eliminiert werden sollten.

Eine Landwirtschaft, die mit Bioziden den Boden vergiftet, in der gefühlslose Monstermaschinen über endlose chemisch aufgepäppelte Monokulturen ziehen, in der die Tierproduktion von der Pflanzenproduktion abgekoppelt ist, widersprechen der Natur. Genauso wie der Wald Hirsche, Rehe und Wildschweine braucht oder wie die amerikanische Prärie einst die riesigen Büffelherden brauchte, so brauchen unsere Ackerböden den Mist der Kühe, Pferde, Schafe, Schweine und anderer Haustiere. Chemische Kunstdünger bewirken anscheinend Wunder. Aber nur kurzfristig. Sie können die Tiere nicht ersetzen. Tier, Pflanze und Boden gehören zusammen. Vor allem aber braucht die Erde Menschen, die sich liebevoll um sie kümmern. Wenn wir mit der chemiebasierten Industrielandschaft, mit den unnatürlichen Monokulturen und der grausamen Massentierhaltung weitermachen, dann – so Hermes' Prophezeiung – werden die Menschen am vollen Tisch verhungern!

Gesundheit

Auch was die Gesundheit betrifft, hatte Hermes viel Ungewöhnliches zu sagen. Auch hier gab er einige Prophezeiungen von sich. Es werden in naher Zukunft aus den Tiefen des Alls zurückgebliebene Ur-Engel, sogenannte *Asuras,* erscheinen, die dem Menschen Seelenteile entnehmen und verschlingen.

Auch bei diesem Gedanken griff er auf die Lehren des Anthroposophen-Gurus Rudolf Steiner zurück. Diese asurischen Wesen hätten einst dabei geholfen, dass die Menschen ein individuelles Ego entwickeln konnten. Nun aber gebe es einige dieser Ur-Engel, die eine äußerst negative Wirkung auf die menschliche Weiterentwicklung haben. Sie greifen die Bewusstseinsseele[24] und das Ich der Menschen an, rauben und verzehren deren Organe, reißen diese aus dem Menschen heraus. Damit zerstören sie die Verbindung der Seele mit dem Göttlich-Geistigen.

Mit dieser eher gruseligen Vorstellung konnte ich zunächst nicht viel anfangen. Jahre später jedoch dachte ich, man könne es mit solchen neuzeitlichen Phänomenen wie Transplantationen von lebenden Organen in Verbindung bringen. Oder auch mit der Entwicklung von kybernetischen Prothesen und transhumanen Cyborgs. Auch der internationale Organhandel, der teilweise von kriminellen Banden betrieben wird, trägt asurische Züge. Oder auch mit der Leichtfertigkeit, mit der heutzutage Operationen zur Geschlechtsumwandlungen an Jugendlichen vorgenommen werden, die sich nicht rückgängig machen lassen. Solange man ein mechanistisch-materialistisches, behavioristisches Paradigma unterhält, gibt es daran wenig auszusetzen. Wenn man jedoch erkennt, dass sich die Seele nicht auf Hirnstoffwechsel reduzieren lässt, dass der lebendige Körper des Menschen vollkommen beseelt ist, und dass – wie man noch in der Renaissance wusste – jedes physische Organ ein eigenes Bewusstseinszentrum ist und seine eigenen Erfahrungen macht, dann ist der Verlust eines Organs schwerwiegend. In der Renaissance wurde jedes Organ als der mikrokosmische Sitz einer Gottheit gesehen: In der Leber wirkt – wie wir sahen – die Planetengottheit Jupiter, im Herz die Sonne, in den Nieren die Venus, im Hirn der Mond, in den Lungen Merkur und so weiter.

Auch was Impfungen betrifft – heutzutage, nach der Coronapandemie tatsächlich ein heikles Thema! –, hatte der Zauberer eine zum Üblichen konträre Meinung. Auch hier folgte er Rudolf Steiner, der in einem Vortrag vor nunmehr hundert Jahren gesagt hatte, »dass die Geister der Finsternis ihre Kostgeber, die Menschen, in denen sie wohnen werden, dazu inspirieren werden, sogar ein Impfmittel zu finden, um den Seelen schon in frühester Jugend auf dem Umwege durch die Leiblichkeit die Hinneigung zur Spiritualität auszutreiben. Wie man heute die Leiber impft gegen dies und jenes, so wird man zukünftig die Kinder mit einem Stoff impfen, der durchaus hergestellt werden kann, sodass durch diese Impfung die Menschen gefeit sein werden, die ›Narrheiten‹ des spirituellen Lebens nicht aus sich heraus zu entwickeln, Narrheiten selbstverständlich im materialistischen Sinne gesprochen …«[25]

Ich musste widersprechen. Wurden nicht dank Impfungen und den Pionierleistungen Robert Kochs und Louis Pasteurs die großen Infektionskrankheiten besiegt? Nein, meinte Hermes, die Impfungen kamen, als die Epidemien schon wegen besserer Hygiene, sauberem Wasser und gesünderer Ernährung auf dem Rückzug waren. Aber noch wichtiger: Das Karma der Menschen spiele in jedem Krankheitsgeschehen eine wesentliche Rolle. Auch hier berief er sich auf seinen Lehrmeister: »Das Innere drückt sich immer später im Äußeren aus. Eine Krankheit ist die karmische Folge einer früheren verkehrten Tat, zum Beispiel einer Lüge.«[26] Karma sollte also geläutert werden. Gegen Karma kann man nicht impfen. Schon Mahatma Gandhi habe das gesagt.

Viele schwere, anscheinend unheilbare Erkrankungen, etwa Krebs oder Multiple Sklerose, ließen sich auf Ich-Schwäche zurückführen, sagte Hermes, zu dem oft Kranke pilgerten, in der Hoffnung, von ihm geheilt zu werden. Trotz widriger äußerer Umstände kann der Wille, kann ein starkes Ich die Gesundheit des Leibes erhalten. Wir sind keine Automaten, die dumpf nach einem festgelegten Ursache-Wirkung-Schema, wie etwa im Billardspiel, funktionieren; wir sind geistige Wesen mit freiem schöpferischem Willen. Wir können Selbstheilkräfte aktivieren. Jeder Mensch trägt einen Arzt und Heiler in sich. Und wenn eine Heilung nicht möglich ist, dann solle der Arzt oder Heiler mit seiner Behandlung wenigstens auf den Ätherleib einwirken – im Hinblick auf die nächste Wiederverkörperung.

In diesem Zusammenhang noch eine kleine Anekdote in Bezug auf Arthur Hermes und seine Familie, die mir Irene Zumsteg, die in der Nähe des Michaelhofs (Les Biolles) im Waadtland lebte, in einem Brief zukommen ließ: »Als ich damals aus Bern zurückkam mit ihrer Information zu den Biolles, saß zum Glück ein heute 88-jähriger Einheimischer auf seiner Bank, und ich befragte ihn zu Hermes. Er wiegte den Kopf und sagte ›Oui, oh oui: c'étaient des gens bizarres: ils n'allaient jamais vers le médecin‹.« (»Ja, o ja, sicher, das waren komische Menschen; die sind nie zum Arzt gegangen.«)

24 Die Bewusstseinsseele ist der Teil der menschlichen Seele, die die Fähigkeit hat, die innere, geistige Welt wahrzunehmen. In der gegenwärtigen Zeit wäre es die Aufgabe, diese Bewusstseinsseele weiterzuentwickeln.

25 Rudolf Steiner, *Die spirituellen Hintergründe der äußeren Welt.* Gesamtausgabe 177. Seite 237, Vortrag vom 27.10.1917.

26 Rudolf Steiner. *Grundelemente der Esoterik.* Dornach: Gesamtausgabe 93a, Seite 73.

*»Die ganze Welt ist Bühne
und alle Frauen und Männer
bloße Spieler.
Sie treten auf und gehen
wieder ab,
sein Leben lang spielt einer
manche Rollen
durch sieben Akte hin.«*

William Shakespeare, Wie es euch gefällt

DIE GABEN DER PLANETEN

Die Vielfalt und der Reichtum der Unterweisungen, die uns bei den Besuchen des alten Bergbauern zukamen, sind weit mehr, als mir möglich ist, hier aufzuzeichnen. Vieles hatte er sich ohnehin aus dem Studium der Schriften Rudolf Steiners angeeignet, und es würde kaum Sinn machen, diese hier zu wiederholen.[27]

Himmelsleiter und Schamanenbaum

Einen Aspekt der Welt der planetarischen Kräfte, in der Arthur Hermes lebte, will ich jedoch nicht übergehen. Es ist seine Lehre der Planetenleiter. Das, was Hermes da über diese kosmische Leiter erzählte, klang für mich hoch interessant. Es erinnerte mich als Kulturanthropologen an den in vielen Kulturen imaginierten Weltenbaum, den Schamanenbaum, der als senkrechte Achse Himmel und Erde verbindet und dessen mächtige Äste jeweils sieben oder neun übereinanderliegende Götter- und Geisterwelten darstellen. In diese Welten fliegen oder steigen die Schamanen während ihrer Trance hinauf und hinunter; aus diesen Bereichen kommen wir, wenn wir geboren werden, und kehren zurück, wenn wir sterben; auch während wir schlafen, reisen unsere Astralleiber (Seelen) dort hin, aber unbewusst; die Seelen der Tiere und Pflanzen steigen ebenfalls diese Himmelsleiter hinauf und hinab. Schöne Bilder sind das, Bilder, deren Wurzeln in der alten Steinzeit zu finden sind. Ich aber war als Naturwissenschaftler geschult, und da gelten empirische Fakten, da ist diese Planetenleiter ein – wenn auch nettes – Märchen. Empirisch gesehen fängt das Menschenleben mit der Zeugung, der Verschmelzung der elterlichen haploiden Keimzellen an, und was die Psyche betrifft, diese wird erst durch die soziale Umwelt geprägt; der Tod ist lediglich das Versagen der lebenserhaltenden Funktionsabläufe des Organismus, er ist das Ende.

Nicht so für Arthur Hermes. Nach ihm kommen unsere Seelen wirbelnd aus dem hohen Himmel herab, um auf der Erde einen Körper aus Fleisch und Blut anzunehmen. Es ist altes Karma, alte Taten, die gesühnt werden müssen, es sind alte Versprechen, die es einzulösen gilt, und Wünsche, die auf Erfül-

27 Wen es interessiert, kann das in der anthroposophischen Literatur nachschlagen.

lung harren, die uns in eine erneute Verkörperung herabziehen. Auf dem Weg von den Urbildern, vom göttlichen Urgrund ausgehend, durchqueren die Seelen, die Sphären der sieben Planetengötter. Diese Götter – angefangen mit Saturn, Jupiter und Mars, dann Sonne, Venus, Merkur und schließlich Mond – geben jeder Seele eine Gabe beziehungsweise eine Begabung, die ihr hilft, ihre karmischen Aufgaben zu meistern. Diese Begabungen haben – je nach dem Karma des Individuums – helle, aber auch dunkle Seiten.

Die erste Sphäre, durch die der Seelenfunken hinabreist, ist es die des Saturns, des äußersten sichtbaren Planeten, des Übergangs zu den Fixsternen. Diese Sphäre wird durch den blauen Himmel angedeutet. Saturn, dargestellt durch einen Greis oder gar ein Gerippe mit Sense und Stundenglas, schenkt der sich inkarnierenden Seele ein langes Leben, ein gutes Knochengerüst und abgeklärte, kosmische Weisheit. Negativ aspektiert kann dieser Planetengott die Seele aber auch mit Altersbeschwerden, Gicht, Zahnverlust sowie Schwermut, die sie nörgeln und hadern lässt, und mit bleierner Trägheit oder gar mit Demenz belasten.

Die nächste Sphäre, die die Seele betritt, führt ins Reich des Planetengötterkönigs Jupiter. Er ist der Gott des Reichtums, der Gerechtigkeit, des weisen Rats, der berauschenden Festgebräue und der Lebensfreude. Mit Reichtum, Lebensfreude, einem Sinn für Gerechtigkeit, Großzügigkeit, Reife und der Fähigkeit zu genießen, kann er den Menschen begaben. Im negativen Sinn jedoch können sich diese Gaben in Völlerei, Trunksucht, Herrschsucht oder auch, auf körperlicher Ebene, in Leberprobleme umkehren.

Eine Sprosse tiefer auf der Himmelsleiter folgt die Sphäre des Mars, des göttlichen Kriegers und Liebhabers der holden Venus. Er schenkt Mut und Tapferkeit, gesundes Blut und den Männern Manneskraft. Negativ aspektiert belastet er die Seele mit Eitelkeit, Grausamkeit, Zorn oder Gnadenlosigkeit.

Nach der Marssphäre durchquert die Seele das Sonnentor zu den erdnahen, untersonnigen Planeten. Die Sonne schenkt ihren Günstlingen Lebensfreude, Harmonie und Fähigkeit zur wahren, selbstlosen Liebe. Ein Mangel an Herzensgüte, auch Hoffart wäre ihre negative Seite.

Jenseits des Sonnentors wandert die Seele weiter hinab ins Reich der Venus. Diese schenkt, vor allem den Frauen, Schönheit, Sinnlichkeit, Sanftmütigkeit und die Fähigkeit zur Hingabe. Wenn die Gaben negativ aspektiert sind, belastet sie die Seele mit Unkeuschheit, Unzucht und Eifersucht.

Näher der Erde bewegt sich der zwittrige Merkur, der Gott der Heiler, Händler und Diebe. Er begabt die Seele mit flinker Intelligenz, der Fähigkeit, abstrakt, aber auch schlüssig und vernünftig zu denken sowie klug zu handeln und zu reden. Negativ aspektiert befähigt er zum Lügen und Betrügen. Anstand liegt ihm fern. Er ist ein Grenzgänger, der sich nur scheinbar an die gesellschaftlichen Konventionen hält.

Die letzte Sprosse der Planetenleiter ist schließlich die Sphäre des Mondes. Luna gibt der Seele die Fähigkeit zu träumen, sie lässt verlieben und inspiriert die Poeten. Wenn sie jedoch negativ aspektiert ist, macht sie die Menschen lunatisch, das heißt, verrückt oder wahnsinnig. Neid ist – wie es im christlichen Mittelalter in Bezug auf die sieben Todsünden hieß – ebenfalls auf den negativen lunarischen Einfluss zurückzuführen.

Nun erst betritt die Seele ihr verkörpertes Erdendasein als Säugling. Das neugeborene Menschenkind befindet sich noch ganz im Einflussbereich des Mondes, träumt die meiste Zeit und labt sich noch an der Muttermilch, die, wie Hermes sagte, eine ganz frische, weiße, »mondenhafte« Substanz ist. Formelmilch und künstliche Säuglingsernährung seien unnatürlich und stören die seelische Entwicklung der Kleinen. Sie sind ein schlechter Start ins Leben.

Um es noch einmal hervorzuheben: Jeder Planet schenkt der Seele, wenn sie im Begriff ist, sich wieder zu inkarnieren, das, was sie braucht, um das Leben zu meistern. Es sind die Begabungen, die jedes Individuum mitbringt. Ihr Ursprung ist nicht ausschließlich, wie behavioristische Psychologen behaupten, Prägung durch die Eltern, Gruppendruck der Gleichaltrigen (Peers) und der Einfluss der Schulen und Medien. Die Seele bringt ihr Schicksal mit.

Der irdische Lebenslauf der verkörperten Seele ist wiederum eine schrittweise Rückkehr zum Ursprung. Die Heimkehr fängt gleich nach der Geburt aus dem wässrigen Mutterschoß an. Da bewegt sich die inkarnierte Seele – dieses Mal in entgegengesetzter Richtung – wieder durch die Mondsphäre. Es folgen, in einem Rhythmus von sieben Jahren, die weiteren Schritte. Nach sieben Jahren, mit dem Zahnwechsel, wird das Menschenkind schulreif; wie ein kleiner Merkur flitzt es hier und da herum und lernt sich in der Welt zu orientieren. Sieben Jahre später, mit der Geschlechtsreife, ergreift ihn die Venus, die Hormone sprudeln; Jungen und Mädchen fangen an, sich für das andere Geschlecht und für die sinnliche Liebe zu interessieren.

In den Kindheitsjahren, betonte Arthur Hermes, sollte die Seele erfahren, dass die Welt gut, schön und wahr ist. Das Kleinkind sollte noch träumen dürfen, denn es ist noch sehr mit der göttlich-geistigen Welt verbunden. In den ersten Schuljahren sollten Märchen gehört und gespielt werden, denn diese spiegeln spirituelle Wahrheiten und vermitteln der Kinderseele das Vertrauen, dass im Leben schließlich alles gut wird. Mit beginnender Reife spielen Göttersagen und Heldengeschichten eine wichtige Rolle, denn sie liefern gute Vorbilder. So bleibt die Seele in der spirituellen Welt verwurzelt und wird sich den Anforderungen des Lebens stellen können. Erst dann ist die Seele reif für abstraktes Denken und die Konfrontation mit den schwierigen Anforderungen, die das Leben stellt.

Sieben Jahre später, im Alter von einundzwanzig Jahren, wird das Menschenkind volljährig. Einst bedeutete das, dass es nun heiraten konnte, dass die Frau im besten Alter ist, eine Mutter zu werden, dass es nun erwachsen ist und seine Rolle in der Gesellschaft einnehmen kann.[28]

Im Alter von achtundzwanzig Jahren schreitet der verkörperte Mensch durch das Sonnentor. Er ist nun vollinkarniert. Er ist *da.* Zwischen dem 35. und 40. Lebensjahr – hier lockert sich der Siebenrhythmus –, befindet sich der Mensch auf dem Höhepunkt seiner Lebenskräfte. Nun kommt der Mars zum Zuge. Der Mensch muss nun, wie ein tapferer Krieger, für seine angemessene Stelle im Leben, im Beruf und in der Gesellschaft kämpfen, er muss Mut und Durchhaltevermögen aufbringen.

Ist der Daseinskampf durchgestanden und gewonnen, dann kann der Mensch beginnen, seine Lebensernte zu genießen. Dann kann er sich, wie ein jovialer König oder eine Königin, als großzügig und gönnerhaft erweisen; dann hat er Lebenserfahrung und Lebensweisheit gesammelt. Er befindet sich somit in der Jupitersphäre.

Irgendwann muss er wieder das Reich des Saturns betreten. Nun ist er alt. Wenn alles gut geht, wird sein Wissen tief und seine Erfahrung abgeklärt und rein wie Kristall sein. Seine Worte werden segensreich sein; seine Zeugungskraft wird spirituell sein; seine Visionen werden über die Grenzen der Planetensphären hinaus bis in die Urbilder reichen. Und nachdem er die letzte Phase seiner körperlichen Inkarnation durchschritten hat, tritt er wieder in die unverkörperte geistige Welt ein.

Schicksal und soziale Prägung

Zusammenfassend sagte Arthur Hermes, dass die Seele mit ihrem persönlichen Schicksal aus kosmischen Tiefen in die irdische Inkarnation hineinkommt und dann wieder hinausgeht. Es ist die relativ kurze Zeit zwischen dem ersten Atemzug des Neugeborenen und dem letzten Aushauchen des Sterbenden.

Der Gedanke, dass wir unser Schicksal aus vorgeburtlichen Zeiten aufgrund der Taten, die wir irgendwann in früheren Leben begangen hatten, mitbringen, irritierte mich. So etwas hatte ich weder in der Kirche noch in den Schulen gelehrt bekommen. Das Dogma an der Universität war, dass wir als unbeschriebenes Blatt, als *tabula rasa* auf die Welt kommen. Es ist die Gesellschaft, die soziale Umwelt, die uns dann formt und prägt. Damals hieß es, nicht einmal die Genetik spielt eine maßgebliche Rolle. Letzteres zu behaupten, galt als rechtes Gedankengut. Die Erbsubstanz sei zwar verantwortlich für Proteinsynthese, Körpergröße und -behaarung, Farbe der Haut und Augen, Erbkrankheiten und so weiter, aber nicht für unsere sozialen Rollen, unsere Sprache, Kultur und unser Geistes- und Seelenleben. Das, und nicht unser biologisches Erbgut, mache den Menschen aus. Das war die damalige offizielle Doktrin, die auch ich in meinen Vorlesungen an der Uni vertreten hatte.

Was Hermes da vermittelte, war eine ganz andere Sichtweise. Der Gedanke an Wiederverkörperung und sogenannte »planetarische Einflüsse« mutet in diesem Zusammenhang eher bizarr an, da diese Dinge nie und nimmer wissenschaftlich untersucht oder analysiert werden können. Und wenn man sich nicht an das Materiell-Empirische, an das Mess- und Wägbare hält, dann hat man keinen Halt mehr. Dann könnte man alles Mögliche behaupten und den abgefahrensten Schöngeistereien und Spinnereien verfallen, wie es viele Esoteriker tun. Als Völkerkundler kann man solche Ideen nicht verifizieren, man könnte lediglich sagen, dass diese als mythisches Kulturgut bei bestimmten Ethnien vorhanden sind. Wie anderswo auf der Welt lassen sich im alten Europa, dem Europa vor der Aufklärung, Spuren einer solchen irrationalen, nicht verifizierbaren Sichtweise in der Überlieferung, in Erzählungen und im Brauchtum finden. So etwa in den alten Märchen von Frau Holle, wo die Goldmarie in die Jenseitswelt gelangt und schließlich durch ein Tor wieder in die Welt zurückkehrt; beim Durchschreiten des Tors wird sie mit Gold überschüttet – das will besagen, dass jeder sein (selbstgemachtes) Schicksal mitbringt. Hermes vertrat mit seinen Ansichten gewissermaßen ein derartiges altüberliefertes, indoeuropäisches Kulturgut.

Obwohl nicht wissenschaftlich objektiv und nachprüfbar, waren seine Ausführungen eher stimmig. Man hörte gerne zu, wie man etwa einem alten Märchenerzähler zuhört. Seine Erläuterungen – das muss man zugeben – taten der Seele gut.

Er bestand darauf, dass es nicht Hirngespinste seien; es gäbe Dimensionen jenseits des Materiellen. Wie, fragte ich, unterscheidet man Fantasie von der Wahrnehmung dieser angeblich wirklich vorhandenen nicht-materiellen Dimension? Das ist eine wichtige Frage in einer Zeit, in der die offiziellen Religionen eher dekadent sind, in der die Menschen verwirrt sind und viele fragwürdige Sekten verführerisches, spirituelles Junk-Food anbieten.

Er antwortete, immer komme es auf die genaue, unverfälschte Beobachtung an. Genauso wie man die äußere Natur betrachtet, ohne etwas hineinzufantasieren, so kann man die innere Welt beobachten. Dabei ist es ganz wichtig, dass man die überflüssigen Gedanken, das unablässige Kopfkino, abschaltet und ganz ins Wahrnehmen hineingeht, dass man die Seele auf Empfang einstellt. Diese nach Innen gerichtete, wahrnehmende Seele nannte er – Rudolf Steiner folgend – die »Bewusstseinsseele«. Diese müsse der Mensch in der

28 In den USA, wo ich aufwuchs, konnte man mit einundzwanzig legal Alkohol trinken und zum Militär eingezogen werden.

heutigen Zeit in sich entwickeln; er sollte innerlich wahrnehmen lernen und nicht nur irgendwelche Inhalte glauben. Das würde auch eine geistige Freiheit ermöglichen, da man dann nicht mehr nur von außen – von Medien, Parolen, Ideologien – gesteuert wird.

Genau verstand ich das, was er sagte, erst, als ich Jahre später in der Wildnis von Wyoming mit dem Medizinmann Tallbull unterwegs war. Dieser Cheyenne ging nicht denkend und analysierend durch die Natur, er hatte den Kopf nicht mit allem möglichen theoretischem, in der Schule gelerntem Wissen vollgestopft, sondern sein Geist war leer, aufmerksam und wahrnehmend. Und da sein Kopf leer war wie ein Krug, konnte er nicht nur die natürliche Umwelt, sondern auch die dahinterstehenden Geistwesen wahrnehmen.

Die materialistische Sichtweise ist tatsächlich beschränkt oder wie man es heute eleganter sagt: reduktionistisch. Ein Buch – materialistisch gesehen – besteht aus nichts anderem als gebleichten Holzfasern, Leim und schwarzer Druckfarbe. Das ist das physische Buch. Das Eigentliche, die darin enthaltenen Gedanken, sind jedoch nicht materiell, sie sind geistiger Art.

Lebensaufgaben und Dharma

In der überlieferten mystischen Tradition der westlichen Welt gilt der Mensch als ein Mikrokosmos (»kleiner Kosmos«), der im Makrokosmos (»großer Kosmos«) lebt. Alles, was im großen Kosmos existiert – der Sternenhimmel, die Wandelsterne, das Animalische, das Pflanzliche und das Mineralische – existiert auch in dem kleinen Kosmos des Menschen. Und zwischen beiden gibt es ein Netzwerk von Verbindungen und Korrespondenzen. Wir haben schon darüber gesprochen, wie die sieben sichtbaren Wandelsterne des Makrokosmos auch im menschlichen Mikrokosmos zum Ausdruck kommen. Die Mondgottheit verkörpert sich in jedem Säugling; das kleine Kind ist der Merkur in Menschengestalt, der Jugendliche ist die Erscheinung der Venus und so weiter.

Wichtig, so Hermes, sei es für den Menschen, seine Begabungen und Fähigkeiten, die die Planeten ihm schenken, zu kennen, denn diese geben den Hinweis darauf, welche karmische Aufgabe er im Leben hat. Die Begabungen sind Wegweiser und Kompass. Anderes zu tun – etwa das Ziel, Unmengen Geld zu verdienen, unerbittliche Macht auszuüben, bei der Masse Anklang und Beifall zu finden, ein unwiderstehlicher Casanova oder eine Diva zu sein, als allwissender Guru aufzutreten – all das macht keinen Sinn, all das wäre Illusion, wäre ein verschwendetes Leben. Ob es der alte Bergbauer Hermes wusste oder nicht, auch in der indischen *Bhagavad Gita* (3.35), die ich erst später kennenlernte, heißt es: Auch wenn man seine Aufgabe nicht immer tadellos erfüllen kann, ist es doch besser ihr nachzugehen, als in irgendeinem Job oder sinnloser Aktivität erfolgreich zu sein. Oder: »Es ist weit besser, die vorgeschriebenen Pflichten (*svadharma*) zu erfüllen, selbst wenn es fehlerhaft geschieht, als die Pflichten eines anderen vollkommen zu erfüllen.« Oder, wie es ein chinesisches Sprichwort einfacher sagt: »Vernachlässige nicht dein eigenes Feld, um das eines anderen zu jäten.«

Übungen

Um das geistige Potenzial zu optimieren, das uns hilft, unsere Lebensaufgabe zu bewältigen, gab Hermes verschiedene Übungen weiter. Ganz wichtig für ihn war es, wie er es formulierte, den Morgen mit dem Abend zu verbinden. Wenn man erwacht, wenn die Seele (der Astralleib) von ihrer Reise in die spirituellen Dimensionen in den Körper zurückkehrt, dann gilt es die Sonne, den neuen Tag und dessen planetarischen Herrscher zu grüßen. Ehe man etwas tut oder frühstückt, sollte man nach innen schauen, sich den Tag auslegen und vergegenwärtigen, welche Arbeit bevorsteht.

Am Ende des Tages, bei Sonnenuntergang, werden die Werkzeuge im Schuppen verstaut, das Vieh gefüttert und in frisches Stroh gebettet und die Abendmahlzeit eingenommen. Nun ist Feierabend, eine Zeit der Besinnung. Vor dem Schlafengehen sollte man den Geist sammeln und Rückschau halten. Das heißt, man lässt den Tag – vom gegenwärtigen Zeitpunkt an – rückwärts vor dem geistigen Auge vorbeiziehen, bis zu der Zeit, wo man aufgestanden war. Das sollte man ohne innere Kommentare tun, ohne Beurteilung, ob etwas gut oder schlecht war.

Für Hermes galt der Schlaf als der kleine Bruder des Todes, und das morgendliche Aufwachen gleicht einer Wiedergeburt in ein neues Leben. In ähnlicher Weise, wie man die abendliche Rückschau hält, fließt das ganze Leben, im kleinsten Detail, wie ein Kinofilm vor dem innere Auge des sterbenden Menschen vorbei. Die Rückschau über den vergangenen Tag gleicht diesem Vorgang im Kleinen. Sie ist eine geistige Vorbereitung auf die Aufgaben und Herausforderungen des nächsten Tages.

Auch sollte man sich die Zeit nehmen, den nächtlichen Sternenhimmel zu betrachten, man sollte schauen, wo und in welchem Tierkreiszeichen sich die Wandelsterne und der Mond gerade befinden. Den Nordstern sollte man auf alle Fälle kennen, den ruhenden Punkt, um den sich der gesamte Sternenhimmel in vierundzwanzig Stunden dreht. Er symbolisiert die göttliche Mitte im Wirbel der Schöpfung.

»Die Dämonen mögen hier auf Erden wüten, aber die Sterne am Himmel werden sie nie erreichen«, beteuerte er, indem er auf den Nachthimmel zeigte. »Sterne sind Zeugen der Ewigkeit. Es beruhigt die Seele und gibt Zuversicht, wenn man sie schaut. Sie zu sehen zerstreut Ängste und Verzweiflung. Mir tun die Städter leid, die den Nachthimmel wegen der künstlichen, elektrischen Nachtbeleuchtung nicht sehen können – kein wirkliches Licht ist das.«

Wenn die dämonischen Mächte die Sterne nicht berühren können, was ist da mit der Mondlandung, wollte ich wissen. »Die waren nie auf dem Mond mit ihrer Rakete«, antwortete er, »wenn sie überhaupt da oben waren, haben sie nur die Erdenmaterie des Mondes berührt, aber nicht den Mond selber!«

Eine weitere Übung, die er seinen Zuhörern ans Herz legte, war es, bei allen Tätigkeiten nicht nur geistesgegenwärtig zu sein, sondern vor dem inneren Auge die Hintergründe zu betrachten und so etwa beim Essen die Entstehung der Nahrung vor dem geistigen Auge zurückzuverfolgen. Man solle das, was da vor einem auf dem Teller liegt, nicht dumpf hineinfuttern oder gar dabei die Zeitung lesen, sondern sich vergegenwärtigen, wie das Brot zustande kam, wie die Saatkörner ausgesät wurden, wie sie keimten und wuchsen, wie die Bauern im Schweiße ihres Angesichts das Korn ernteten und droschen – heute wäre es ein Mähdrescher –, wie der Müller es mahlte, wie der Bäcker das Mehl zu Brot buk, wie der Händler es verkaufte. Man sollte sich bewusst werden, wie viel Energie, Zeit und Hingabe in den Erzeugnissen liegen, und allen, die es zustande brachten, dankbar sein.

Und die Butter, die Opfergabe der Kuh! Man sollte sich vergegenwärtigen, wie sie gemolken wurde und wie dann die Sahne gebuttert wurde. Und die Marmelade, von welcher Frucht und woher kam sie. Und der Zucker dazu, aus irgendeinem Zuckerrübenfeld oder einer tropischen Plantage – bei den Römern war der Zucker noch so teuer wie Gold; wegen dieses Rohrs wurden Millionen Schwarzafrikaner versklavt und in die Karibik verschleppt; dank der süßen Versuchung erlitten die Engländer im 18. Jahrhundert eine Katastrophe des Zahnverfalls und der Diabetes und so weiter und so fort. Jedes Nahrungsmittel, das man da so gedankenlos in sich hineinstopft, hat eine ganz reale Geschichte und eine kaum wahrgenommene Wirkung auf unsere Gesundheit und das geistige Befinden. Und wie ist es mit dem Auto, das man fährt, mit dem Strom, der die Glühbirne leuchten lässt, dem Kaffee, den man trinkt – alle sind mehr als ihre unmittelbare Erscheinung, alle haben Geschichten zu erzählen, bei allen sind geistige Wesenheiten, Elementarwesen, kluge Zwerge und Engel am Werk.

Ja, wir sollten alle bewusster leben. Wir sollten uns Zeit nehmen, auch bei unserer täglichen Arbeit mal einen Moment auszusparen, um zu lauschen, zu tasten oder zu schnuppern. Die Welt ist voller Klänge, voller Melodien, die unser Alltagsbewusstsein meistens blockiert oder ignoriert. »Wenn die Menschen die Klangfülle hören könnten, dann bräuchte ich mich nicht dermaßen abzurackern, um Symphonien zu schreiben, wie ich es tue« – so ähnlich hatte es einmal Richard Wagner formuliert. Und was das Riechen betrifft, Hermes machte uns beim Umgraben des Gartens darauf aufmerksam, wie gut die Erde duftet. Durch seinen Geruch kommuniziert der Erdboden mit unserem Unterbewusstsein und erzählt dem aufmerksamen Gärtner, was er zu tun braucht, um gute Ernten hervorzubringen. In einem reifen, mürben Kompost, der alle Abfälle wie ein weiser Alchemist verwandelt hat, riecht man das Leben an sich. Und wer kennt heute noch die wunderbare Geruchssymphonie, die dem Rasen oder dem Waldboden entströmt? Um sie wahrzunehmen, bedarf es Demut, man muss sich herunterbücken oder auf allen Vieren krabbeln und wie ein Hund schnuppern. Diese kleinen Übungen kann jeder machen, egal wo er wohnt. Sie wecken die Sinne und beleben uns.

Ähnlich ist es mit dem Barfußgehen. Unsere Fußsohlen haben Tausende von Nervenrezeptoren, die reflektorisch mit den Organen im Körper verbunden sind. Die nackte Fußsohle ist ein Sinnesorgan, durch sie kann sich der Boden uns mitteilen. Was für ein großer Unterschied, ob man über einem Rasen läuft, auf dem weichen nackten Boden eines frischgepflügten Feldes, auf dem Sandstrand, auf dem von vergilbtem Laub bedeckten Buchenwaldboden, auf totem Asphalt, auf Zement oder auf einer Holzdiele – jedes ist ein hochsinnliches Erlebnis. Zugleich könnte man versuchen, etwas mit den Zehen aufzuheben oder ein Gänseblümchen mit ihnen zu pflücken. Auch wenn man in der Stadt lebt, sollte man es sich gönnen, etwa im Park oder auf dem englischen Rasen mal die Schuhe auszuziehen und barfuß zu gehen, ein Kerbtierchen zu beobachten oder an einer Blume zu riechen.

Wenn man auf diese Weise in die Sinne eintaucht, sollte man nicht zu viel denken, denn Gedanken trennen uns von dem Hier und Jetzt, lenken uns von der sinnlichen Anschauung ab, von der unmittelbaren Gegenwart, in der wir uns befinden. Denken, meinte Hermes, sei gut und wichtig, wenn es wirklich was zu überlegen gibt. Aber wenn das Nachdenken alles andere blockiert, dann solle man die vorwitzigen Gedanken, die einem durchs Hirn flitzen, »vernichten«. Gedanken sollten uns – unserem »Ich« – dienen, aber nicht unsere Herrscher sein. Jupiter sollte auf dem Thron unserer Seele sitzen und nicht der clevere, vorwitzige Merkur; obwohl dieser Schalk gelegentlich auch gute Ratschläge geben kann. Für verkopfte Menschen, für Intellektuelle, die keinen Nagel gerade in eine Holzwand schlagen können, oder solche, die nicht mit Tierseelen reden können, hatte Hermes nur Spott übrig.

Eine weitere wichtige Übung für den alten Meister war das absichtliche Schweigen. Einen Tag in der Woche sollte man sich Zeit nehmen, kein Wörtchen zu sagen. Dann würde man erkennen, wie vieles zwischen Menschen, auch zwischen Menschen und Tieren, telepathisch läuft. Überhaupt sollte man das ständige innere Plappern, das mentale Karussell, etwas abbremsen. Wenigstens sollte man es versuchen. Lieber lauschen, auf Empfang gehen, als ständig auf Sendung sein!

Eine weitere wohltuende Übung wäre das Fasten. An einem Tag pro Woche sollte man auf das Essen verzichten. Am besten am Freitag. Auch wenn Hermes wenig vom Kirchenchristentum hielt, sei es im Einklang mit altem christlichem Brauchtum.

Um festgefahrene Gewohnheiten zu brechen und um den Ätherleib wieder in Fluss zu bringen, schlug er folgende Verfahren vor: Man könne mal versuchen, rückwärts, also »ärschlings« zu laufen oder einen Text umgekehrt, also kopfüber zu lesen oder ein Buch im Spiegelbild zu lesen – alles Fertigkeiten, die man von Spionen wie James Bond kennt. (Selbstverständlich kannte der Waldeinsiedler den populären Geheimagent Ihrer Majestät 007 nicht, da er weder Fernsehen hatte noch ins Kino ging.)

Auch bei anderen gewohnheitsmäßigen Tätigkeiten könne man üben. Etwa beim Gartenumgraben oder beim Mistschaufeln mal den Spaten oder die Gabel in die andere Hand nehmen oder als Rechtshänder mal mit der linken Hand schreiben.

Unsere Wahrnehmungsgewohnheiten könnten wir auch ändern, indem wir die unmittelbare Erscheinung gelten lassen. Hermes war radikaler Phänomenologe, er stimmte mit Goethe überein, der mal gesagt hatte: »Was ist das Schwerste von allem? Was dir am leichtesten dünkt. Mit den Augen zu sehen, was vor dir liegt.«

Für Hermes war es nicht ohne Bedeutung, dass der Mond mit dem nackten Auge gesehen genauso groß ist wie die Sonne. Die beiden Hauptgestirne sind einander gleich, wie Mann und Frau, oder – wie es die alten Griechen sahen – wie Bruder (Apoll, der Sonnengott) und Schwester (Artemis, die Mondgöttin), wobei Artemis als diejenige, die von der Ur-Göttin als Erste geboren wurde, den Vorrang hatte.

Für ihn war der Himmel oben und der Erdboden unten. Sonne, Mond und Sterne umkreisten die Erde. So und nicht anders erlebt man es mit den unmittelbaren Sinnen; so erleben es die Tiere und Pflanzen; so haben es die Menschen seit ihrer Schöpfung erlebt. In den Schulen verlernen die Kinder dieses Unmittelbare. Sie werden von ihrem Sinnenerleben abgelenkt und ins abstrakte Denken geführt. Das ist für ältere Kinder in Ordnung, nicht aber für die Kleinen; sie werden dadurch von der Natur entfremdet.

Immer wieder deutete Hermes auf etwas hin, was meistens nur Kinder bemerken: Nämlich, dass beim Laufen oder beim Fahren die fernen Bäume oder die Berge am Horizont eine Weile mitlaufen.

Bei Spaziergängen zeigte er auch gerne den grünen Mantel, mit dem sich die Erde kleidet. Wenn man über die Wiese oder die Weide schreitet, ist das Grün unter den Füßen; aber wenn man in den Wald hineintritt, dann ist das Grün plötzlich über uns als Laubdecke. Dann sind wir wie die kleinen Zwerge, die unterhalb der Wiese leben; für diese ist das Grün oben.

Die Phase des Morgens, das zarte rosa Licht und der Sonnenaufgang, wenn die Sonne groß und rot über den Horizont steigt, in diesem heiligen Augenblick verband sich Hermes mit allen Sinnen mit dem unmittelbaren Naturgeschehen. Auch abends, beim Sonnenuntergang, wenn die Vögel heim in ihre Nester fliegen und die Fledermäuse erscheinen, kommt eine Phase, die die meisten Menschen kaum wahrnehmen, in der die Silhouetten der Bäume für einen kurzen Augenblick wie schwarze Scherenschnitte aussehen. All das sollten wir bewusst wahrnehmen.

»Und wie du das Herz
der Pflanzen erfreust,
wenn sie entgegen dir
die zarten Arme strecken,
so hast du mein Herz erfreut,
Vater Helios! Und, wie Endymion,
war ich dein Liebling,
heilige Luna!«

Friedrich Hölderlin, »Da ich ein Knabe war«

HAIDFRIED

Der alte Meister lebte nicht allein auf seinem abgelegenen Hof. Mit ihm lebte sein recht eigenbrötlerischer Sohn, der Haidfried. Damals, als wir viel Zeit auf dem Hof verbrachten, war dieser Haidfried ungefähr fünfzig Jahre alt. Er war eine hagere, etwas abgehärmte Erscheinung. Schon seine Kleidung, die er zum Teil selbst geschneidert, genäht oder geflickt hatte, war unkonventionell. Menschen schien er nicht so recht zu mögen. Er hatte nämlich eine dünne Haut und es schmerzte ihn, was die Mitmenschen so oft in ihrer Seele unbewusst mit sich herumtrugen. Er nahm all die kleinen Dämonen wahr, die Hass-, die Gier- und Neid-Teufelchen, die sich – oft, ohne dass die Menschen sich dessen selbst bewusst sind – hinter der Oberfläche des freundlichen Lächelns und der netten Worte verbergen.

Wenn Fremde auf Besuch kamen, deren Schwingung er nicht mochte oder nicht verkraften konnte, verschwand er oft tagelang in den recht wilden Wäldern des Jura-Gebirges. Nachts schlief er dann gebettet auf Moos, auf dem Buchenlaub oder in einer kleinen Höhle im Felsen des Kalkgesteins. Als sei er selbst ein Naturgeist, wandelte er durch die Wildnis, sprach mit den Geistern des Waldes und wahrscheinlich auch mit dem Geist seiner verstorbenen Mutter. Sonst sah man ihn beim Ackern oder Grassensen, wo er langsam, jeden Schritt mit dem Bewusstsein begleitend, arbeitete.

Noch mehr als sein Vater war er eingestimmt auf die sichtbaren und unsichtbaren Naturwesen. Als wir einmal gegen Abend noch im Garten arbeiteten, hob er den Zeigefinger und flüsterte: »Jetzt kommt Äolos!« Einen Augenblick später raschelte das Laub, und ein sanfter Wind huschte vorbei.

Viel Zeit verbrachte er in der Holzwerkstatt, die er und sein Vater gebaut hatten, um, vor allem im Winter, Holzplastiken, Puppen und Kinderspielzeuge zu schnitzen und bunt anzumalen. Als die Mutter noch lebte und seine jüngere Schwester noch auf dem Hof wohnte, haben auch sie mitgearbeitet; das Kunsthandwerk brachte wichtige Nebeneinkünfte für die kleine Familie, die sich selbst versorgte.

Haidfried baute auch Geigen, Monochorde, Klangwiegen und andere Musikinstrumente. Er hatte sämtliche Aufzeichnungen des italienischen Geigenbauers Antonio Stradivari studiert und nachgerechnet. Auf seinen Waldausflügen legte er sein Ohr an die Baumstämme, um so die Qualität des Tones im Holz zu erlauschen, wenn der Wind durch die Wipfel strich. Den geeigneten Baum fällte er mit der Axt und lagerte das Holz sieben Jahre lang, dann schnitzte er die einzelnen Teile von Hand und leimte die verschiedenen Holzarten nach ihrer planetarischen Signatur zusammen. Er hoffte, auf diese Weise Instrumente zu bauen, deren Töne die Tiere des Waldes lauschen lassen würden und die den Menschen nur Gutes und Wahres in den Sinn kommen ließen.

Ab und zu fragte ihn sein Vater am Abend, er solle doch wieder einmal sein Monochord spielen. Wenn er dann mit dem Bogen über die Saite strich, war das eine recht feierliche Angelegenheit. Die Schwingung des Tons war physisch spürbar, hatte etwas schwebend Sphärisches und berührte die Seele.

In dem Jahr, als wir vorübergehend auf dem Hof lebten, trugen die Obstbäume reichlich Früchte. Es war eine Pracht. Die reifen, saftigen Kirschen drückten die Zweige der Bäume weit nach unten, und wir hatten alle Hände voll zu tun, sie zu pflücken. Sie würden später viel Marmelade und Saft geben. Während wir uns abrackerten, sprach Haidfried mit dem Geist des Kirschbaumes und der mütterlichen Natur. Ganz im Sinne der anthroposophischen Sprachgestaltung richtete er rhythmisch Worte, verbunden mit weihevollen Körpergesten, an diese Geistwesen: »O Mutter Natur, o Erde, o wundervoller Baum voller himmlischer Früchte, Kinder des Himmels und der Erde; wir schulden euch Dank für eure göttlichen Gaben …!« So fuhr er völlig entrückt und ohne Unterlass fort, bis seinem Vater der Geduldsfaden riß und er Haidfried anherrschte: »Hör doch endlich auf mit dem Quatsch und fang an zu pflücken!«, worauf Haidfried, der auch recht stur sein konnte, in den Wald floh.

Mahlzeit mit Manfred Stauffer (links), A. Hermes (Mitte) und Haidfried Hermes (rechts).

Ja, dieser Hermes-Sohn war recht merkwürdig. Als ich einmal allein den Hof besuchte, war nur ein extra Bett in Haidfrieds Zimmer frei. Es war nicht kalt und ich dachte, wie sollten ein Fenster öffnen, damit wir genügend frische Luft bekämen. Nein, nein, das ginge nicht, erklärte mein Zimmergenosse. »Der Mensch veredelt die Luft, indem er sie atmet. Die eingeatmete Luft ist noch rau und unerlöst. Die ausgeatmete Luft dagegen ist vermenschlicht und gereinigt worden«, klärte er mich auf. Er wolle, dass am Morgen das ganze Zimmer mit »erlöster« Luft gefüllt sei. Diese kam mir aber recht miefig vor.

Arthur erzählte, dass Haidfried als Junge ein ganz aufgewecktes, völlig normales Kind gewesen sei. Er absolvierte im Schwarzwald eine Ausbildung als Holzbildhauer und lernte dabei, dass das wichtigste Maß das Augenmaß ist. Um diese Zeit zeichnet sich der Beginn seiner seelischen Krankheit ab. Er wurde immer merkwürdiger und besonders, nachdem die Mutter gestorben war, lebte er immer mehr in einer anderen Dimension.

Zuletzt versuchte ihn sein Vater in einer anthroposophischen Gemeinschaft unterzubringen, wo er helfen und sich nützlich machen konnte. Da besuchten wir ihn. Er war dabei, mit hauchfeinen Linien die Umrisse Buddhas zu zeichnen. Es sollte weniger die physische Realität abgebildet werden als wie die ätherische Hülle des Erleuchteten. Hunderte von blassen Buddhas waren es, alle einander vollkommen ähnlich. Es waren eher eigenschaftslose *Tirthankaras*[29] der Jaina, die er da zeichnete. Für ihn waren sie jedoch leider nicht ähnlich genug. Mal war der Druck des rosafarbigen Buntstiftes für ihn etwas zu stark, mal war eine Linie einige Millimeter zu weit gefasst oder zu eng. Seine Erklärungen waren endlos kompliziert. Als wir Auf Wiedersehen sagten und gingen, waren wir vollkommen erschöpft.

Haidfried hing an seiner Mutter. Das war offensichtlich, als wir mal über Weihnachten auf dem Michaelshof verweilten. Der Mittelpunkt der Feier am Heiligen Abend war das Anzünden der Bienenwachskerzen am Christbaum. Der Baum wurde mit den in der Werkstatt gebastelten, kleinen Engeln und Zwergen aus Watte und, soweit ich mich erinnern kann, mit roten Äpfeln und roten Papierrosen geschmückt. Jeder sollte dann laut sagen, für wen er die Kerzen anbrenne. Wir zündeten sie für Freunde und Familienmitglieder an, Haidfried feierlich für die liebe Mutter und für das liebe Christkindlein und der alte Hermes – typisch für ihn – für die gesamte Menschheit und für das Universum.

29 Tirthankara sind »Furt-Überquerer«, erlöste Seelen, die den endlosen Kreislauf der Geburten und Tode überwunden haben und schwerelos wie weiße Wolken im Nirvana schweben. In den Tempeln der Jaina-Religion werden sie als eigenschaftslose Alabaster-Statuen – in Gestalt den Buddhas ähnlich – dargestellt und verehrt.

*»Über die Heide hallet mein Schritt;
dumpf aus der Erde wandert es mit.
Herbst ist gekommen, Frühling
ist weit – gab es denn einmal
selige Zeit?
Brauende Nebel geistern umher;
schwarz ist das Kraut und der
Himmel so leer.
Wär ich hier nur nicht gegangen
im Mai!
Leben und Liebe – wie flog es
vorbei!«*

Theodor Storm

*»Keine Last, die du trägst,
ist schwerer, als du tragen kannst.«*

Arthur Hermes

KIND DER HEIDE

Noch zu Kaisers Zeiten wurde Arthur Hermes in einem kleinen Bauerndorf in der Lüneburger Heide geboren. Die moderne Welt war weit entfernt. »Wir lebten wie die alten Germanen unter Strohdächern; der Boden in den Höfen bestand teilweise aus gestampftem Lehm. Man wuchs auf und lebte unter demselben Dach mit ein paar Kühen, Pferden, Schweinen und anderen Tieren. Als kleiner Junge hütete ich Gänse und erzog sie, indem ich sie, schon als *Gössel* (Gänseküken), in den tiefen Wagenspuren laufen ließ. So lernten sie, schön in einer Reihe hintereinander zu laufen. So lernte ich die Tierseelen kennen, und da meine Familie auch den Dorfkrug – die Dorfgaststätte – betrieb, musste ich beim Bedienen helfen und lernte auf diese Weise auch die Menschen kennen.«

Maschinen gab es noch keine. Es gab keinen Strom, kein fließendes Wasser im Haus, keine Traktoren. Kienspäne – flache, vierkantige Scheite aus harzreichem Kiefernholz – dienten beim Spinnen abends oder im Krug, der Gaststätte, als Lichtquelle. Der sandige Boden wurde mit Pferden oder Ochsen gepflügt, die Saat meisterlich von Hand ausgesät und bei der Ernte schnitten die Männer das reife Korn mit Sensen, derweil die Frauen die Garben banden. Die letzte Garbe wurde mit Blumen – blauen Kornblumen, roten Kornraden, gelben Jakobskräutern und weißen Feldkamillen – geschmückt und wie eine Feldgottheit auf dem Erntewagen triumphierend ins Dorf gebracht. Der Pfarrer segnete die Ernte, und alle sangen andachtsvoll die Hymne »Nun danket alle Gott«. Es folgten Tanz und der Erntefestschmaus. Die geschmückte letzte Garbe wurde aufbewahrt bis zum nächsten Jahr; in ihr wohnte der Wachstumsgeist. So war es seit Jahrhunderten gewesen und wahrscheinlich seit Jahrtausenden.

»Die Bauern übrigens, die mit Ochsen pflügten, waren die besseren Bauern«, erinnerte sich Hermes, »denn Ochsen laufen langsamer, da ist die Meditation des Bauern tiefer, die Erde spricht mit ihm. Nicht mit seinem Kopf, eher mit seinem Bauch. Der Bauer hat Zeit, den Boden zu betrachten, er sieht die Regenwürmer und Kerbtiere. Der Geruch der frisch gepflügten Scholle geht besonders tief, geht ins Unterbewusste, kommuniziert mit der Seele. Mit den Pferden geht es schneller, da ist die Meditation nicht so innig. Aber heute, mit den Zugmaschinen, da geht es so flott, da sitzt der Bauer abgekapselt in einer Kabine, manchmal sogar mit Stöpseln in den Ohren, mit denen er amerikanische Musik hört; da ist dann überhaupt keine Verbindung mit der Erde mehr. Aber die Erde braucht die menschliche Anteilnahme. Das menschliche Bewusstsein ist wie eine geistige Düngung für die Pflanzen. Auch die Elementarwesen brauchen die Gesellschaft der Menschen. Wenn diese fehlt, dann nehmen andere Geister, kalte, herzlose ahrimanische Geister, Kontrolle über sie. Dann schließlich muss mit Mineralsalzen gedüngt werden, die aber keine wirkliche Lebenskraft in sich haben; das begünstigt Schädlinge, denn deren Aufgabe es ist, kranke und lebensunfähige Pflanzen zu tilgen; chemische Gifte sollen dann Schädlinge abhalten. Dabei wird der Erdboden immer lebloser. Es werden zwar noch Nahrungsmittel in Mengen erzeugt, aber es sind keine wirklichen *Lebens*mittel mehr, denn sie haben wenig Lebenskraft.«

Dann kam die Schule. Der Lehrer kam aus einer Großstadt, sprach das fremd klingende Hochdeutsch anstatt Plattdüütsch und hatte einen hochgezwirbelten Schnurbart, wie es zu Kaisers Zeiten Mode war. Er kam zu den Heidebauern ungefähr so wie ein Entwicklungshelfer in ein Eingeborenendorf. Als er dann im Biologieunterricht einmal eine wunderschöne lebendige Eidechse in ein Glas Formaldehyd steckte, wobei sich das Tier, noch ehe es starb, verzweifelt aufbäumte und zuckte, da hatte der Lehrer in Arthurs Augen allen Respekt verspielt. »Vergreife dich nicht an dem Lehrer!«, warnte ihn der Vater, als dieser davon hörte.

Im Ersten Weltkrieg meldete sich Arthur Hermes freiwillig an die Front, um das Vaterland zu verteidigen. Er verbrachte die schrecklichen, zermürbenden Kriegsjahre in den Schützengräben an der Westfront. »Auch da lernt man den Charakter der Menschen kennen. Wenn es zur Sache ging, hatten die oft so schneidig auftretenden Offiziere Schiss. Die einfachen Soldaten nahmen dagegen ihr schweres Schicksal meistens stoisch hin.«

Sein bester Freund, der unmittelbar neben ihm stand, sackte, von einer Kugel getroffen, plötzlich zusammen und war tot. Gerade hatten sie noch miteinander geredet und nun lag er reglos da. Für Arthur war es klar, dass die Seele seines Kameraden noch irgendwie anwesend sein musste, auch wenn sein Körper sie nicht mehr tragen konnte.

In den Jahren in den schlammigen, blutgetränkten Gräben verlor er nach den Gasangriffen und auch wegen der schrecklichen, seelischen Spannung und mangelhafter Ernährung alle seine Zähne und musste seither Zahnprothesen tragen.

Nach dem Krieg war er zu erschüttert, um wieder in das bäuerliche Leben einzusteigen. Es begann eine Wanderzeit; er wanderte vor allem durch die Lüneburger Heide und schlief oft im Freien, wo Moos und Waldboden sein Bett waren. Er wurde sozusagen fahrender Künstler, ein verspäteter Wandervogel. Da er künstlerisch und handwerklich begabt war, konnte er 1925 die Kunstgewerbe- und Handwerksschule in Magdeburg besuchen. Dort lernte er eine kultivierte junge Dame kennen, eine Anhängerin des Mystikers Rudolf Steiners, eine Eurythmistin.[30] Er heiratet sie 1927. Die Frau half ihm, seine Erlebnisse in einem weiteren – einem anthroposophischen – Kontext zu verstehen. Die spirituelle Lehre gab ihm ein Ideengebäude und den Wortschatz, in dem seine eigene natürliche Hellsichtigkeit ein Zuhause finden konnte. Bald wurde dem Künstlerpaar ein Sohn, Haidfried, geboren. 1931 baute Hermes ein Jugendwerk für arbeitslose junge Menschen in Stuttgart auf. Um die dreihundert Jugendliche beteiligten sich daran. Als die Nationalsozialisten die Macht ergriffen, weigerte sich Hermes, sich dem staatlichen Jugendwerk anzuschließen. Die totalitäre Weltanschauung der neuen Herrscher ging ihm gegen den Strich und er sagte das, ohne ein Blatt vor den Mund zu nehmen. Dieser Führer war für ihn ein »Friseur-Typ« und was den Germanenkult anging, so sagte er, diese Typen, Hitler, Himmler und deren Genossen, das seien keine echten Germanen. »Wir, wir Heidebauern, wir waren und sind Germanen. Nicht die!«

Überhaupt, für ihn waren die Nazis keine Deutschen. Deutschsein hieß für den ehemaligen Heidebauern, ehrlich sein, gütig sein, fromm und aufrichtig sein.

Im Jahr 1938 zog die Familie nach Dresden. Er war weiterhin Opposition. »Auch innerlich wehrten wir uns, denn Gedanken – auch wenn sie unsichtbar sind – haben eine ganz reale Wirkung.« Er trieb es so weit, dass er verhaftet wurde und erschossen werden sollte. Man stellte ihn tatsächlich an die Wand, aber der Kommandierende, ein gewisser Sturmführer namens Schulze, nahm ihn zur Seite und sagte: »Hermes, ich kann Sie nicht erschießen; irgendwas in mir widerstrebt es, den Befehl auszuführen. Machen Sie, dass sie fortkommen, verlassen Sie diesen Bezirk. Verschwinden Sie an irgendeinen abgelegenen Ort!«

Hermes hätte in die Schweiz gehen können, er hatte dort schon Kurse für junge Bauern und Bäuerinnen gegeben, etwa in dem von Fritz Wartenweiler gegründeten Volksbildungsheim auf dem bewaldeten Herzberg im Aargau oder auf dem Oswaldhof, dem ältesten biodynamischen Hof der Schweiz, in Klarsreuti (Thurgau). Er blieb aber absichtlich in Deutschland, denn wie er sagte, wollte er das Schicksal seines Volkes teilen. Also zog die Familie mithilfe befreundeter Anthroposophen in den Schwarzwald nach Königsfeld, wo sie einen kleinen Hof pachteten und Kunsthandwerk herstellten.[31] Besonders in den schneereichen Wintermonaten stellte die Familie Wandbehänge, Schnitzereien, Stickereien, Puppen, Kinderspielzeuge, Scherenschnitte und Schmuck her. Figuren aus Märchen und Mythen, Engel, Zwerge und Planetengötter waren dabei. Das ging einigermaßen gut, aber – wie zum Teil noch heute – war der Schwarzwald eine Brutkammer des Okkultismus. In seinen

30 Eurythmie: Eine von Rudolf Steiner entwickelte Bewegungskunst als Ausdruck des Seelischen im Menschen.

31 Arthur Hermes als Künstler: https://www.andreas-schwendener.com/projekte/hermes.php (zuletzt abgerufen am 17. April 2023).

Hermes auf dem Lerchenhof.

Erzählungen deutete Hermes an, dass es zu magischen Auseinandersetzungen auf der Astralebene mit okkulten Sekten kam, die in der Nähe tätig waren. Leider habe ich die Namen der Sekten vergessen, die er erwähnte.

Im tief verschneiten Winter, gegen Ende des Zweiten Weltkrieges, war Arthur mal wieder mit seinen Skiern unterwegs. Plötzlich rutsche er gefährlich aus und brach sich dabei das Bein. »Wie kann das sein?«, dachte er, »ich kann doch gut Ski fahren und bin immer vorsichtig.« Als er es endlich nach Hause schaffte, fand er einen behördlichen Brief vor. Darin stand, dass er – obwohl er schon über fünfzig Jahre alt war – sofort zum Militär einberufen wurde. Er wisse ja, wie man mit Pferden umgeht und solle an der Ostfront als Fuhrwerkführer eingesetzt werden. Der Beinbruch hat ihm wohl das Leben gerettet, denn ehe er ausgeheilt war, war der Krieg vorüber.

In seine Heimat konnte er nun nicht zurück. Wie schon erwähnt erblickte Arthur Hermes das Licht der Welt in der fast menschenleeren Lüneburger Heide, wo der Boden mager und sandig ist und mit rot-purpur blühendem Heidekraut, Wachholder und einigen wenigen Kiefern und Birken bewachsen. Sein Heimatdorf, Schmölnau bei Celle, ein Nest mit ehemals rund 220 Einwohnern, konnte Arthur Hermes nie wieder besuchen, denn es war Kalter Krieg. Das Dorf lag mitten im Todesstreifen, in der Sperrzone zwischen der DDR und der BRD. Kein Mensch lebte mehr da und die Häuser und Höfe verfielen. Inzwischen – nach der Wende 1989 – wurden die Grundstücke so weit wie möglich an die rechtmäßigen Besitzer zurückgegeben, und das Dorf hat wieder achtundfünfzig Einwohner. Vielleicht hätte auch Hermes den elterlichen Hof oder wenigstens das Grundstück wiederbekommen, aber er war inzwischen gestorben.

Schweizer Bauern machen Hermes ein Angebot

Nach dem Krieg gab Arthur Hermes viele Kurse im Bereich Handwerk und vor allem zum Thema biodynamische Landwirtschaft. Auch in der Schweiz. Die Schweizer Bauern erkannten sofort, dass Hermes wusste, wovon er sprach. Hier war einer, der mit dem Kuhgeruch in der Nase geboren wurde, jemand, für den das *Bure* (schweizerisch für Bauernarbeit) nicht nur eine theoretische Idee war, sondern in dessen Knochen es lag, der mit den Tieren »reden«, sie verstehen konnte. Der Gemeinderat Robert Siegenthaler in Zollbrück (Emmental), selbst Großbauer, befreundete sich mit Hermes und unterstützte ihn. Immer wieder nahm Hermes den Zug in die Schweiz, um Vorträge zu halten und guten Rat zu geben. Die Schweizer Bauern hätten ihn gerne näher. Er solle doch in die Schweiz ziehen. Sie halfen ihm, einen leerstehenden Hof im Waadtland, auf einer Waldlichtung unterhalb des 1339 Meter hohen Jura-

Berges Mont Aubert und oberhalb des Neuenburgersees (*Lac de Neuchâtel*), nahe der Weinbau-Ortschaft Concise zu finden. Sie legten für ihn Zeugnis ab und ermöglichten die Kredite, damit er den Hof kaufen konnte.

1955 war es dann so weit. Mit Kind und Kegel, Fuhrwagen, Werkzeugen, zwei Ochsen, einer Herde Milchschafe und Hühnern in Käfigen kam er mit dem Güterzug am Bahnhof Concise an. Sie luden ihre Sachen in den von Ochsen gezogenen Wagen – das ganze Dorf hatte sich versammelt, um dem Schauspiel zuzuschauen – und machten sich auf den steilen Weg den Berg hinauf, durch den Wald bis zum Einödhof.

Haus und Hof standen schon seit zehn Jahren verlassen. Die Felder und Weiden waren mit Jungwuchs von Bäumen und Gestrüpp überwuchert, die Nebengebäude und Werkzeugschuppen teilweise verfallen. Hermes war schon über sechzig Jahre alt, als er die Aufgabe mit eisernem Willen anpackte. Sein Sohn Haidfried und das kleine Töchterlein Beatrice halfen dabei. Seine Frau Katharina kümmerte sich um Haushalt und Garten. Die Hühner bekamen vorläufig ein Zimmer im Haus im ersten Stock; man baute ihnen einen Holzsteg hinunter ins Freie, wo sie scharren konnten. Später, nachdem man dem Federvieh einen richtigen Stall gebaut hatte, wurde das Zimmer zum Schlafzimmer.

Mit den Ochsen pflügte man die verwaisten Felder, säte Korn und setzte Kartoffeln. Holz zum Heizen musste geschlagen, gesägt und aufgebeigt werden, der Gemüsegarten urbargemacht werden. Eine weitere Notwendigkeit war der Bau einer Werkstatt, wo sie im Winter Kunstgewerbe, Puppen und Spielzeuge herstellen konnten. Das war ja, neben den Kursen und Vorträgen, die wichtigste Einnahmequelle.

All die Arbeit konnte nur mit eisernem Durchhaltewillen bewältigt werden, und diesen hatte Hermes. Mir sagte der alte Meister einmal: »Das Wichtigste im Leben ist der Wille!« Damals verstand ich das noch nicht, denn ich glaubte, der Wille sei das Durchsetzen der eigenen egoistischen Wünsche, was natürlich vollkommen verkehrt ist. Unter Willen verstand Hermes das bedingungslose Durchhaltevermögen, das *Dürrehebe*, wie die Schweizer sagen. »Nicht das Beginnen wird belohnt, sondern einzig und allein das Durchhalten«, das hatte mal Siddharta Gautama Buddha gesagt. In diesem Sinn sprach Arthur Hermes vom Willen.

Wasserknappheit

Womit die Familie nicht gerechnet hatte, war, wie erbärmlich trocken der Jura-Kalkstein ist, weil er kein Wasser hält. Im Sommer, wenn es nicht genug regnet, verdorrt das Gras, und die Gartengemüse schmachten. Sorgfältig sammelte die Familie das Regenwasser vom Dach in einer großen Zisterne, aber oft langte auch das nicht. Damit sein Vieh zu Saufen habe, holte er Wasser in einem von den Ochsen und später von einem Ross gezogenen Kesselwagen vom Neuenburgersee unten im Tal. Der See liegt ungefähr zweihundertfünfzig Meter tiefer.

Wenn die Weide verdorrte, fütterte er den Tieren Laub. Er fällte Eschen, Ahorn, Eichen, Espen, Ulmen, Haselnuss und vor allem Buchen und ließ Kühe und Schafe die Äste und Zweige abäsen. Auch sammelte er ganze Wagenvoll grünes Blattwerk und ließ es als »Laubheu« für den Winter trocknen. Das Holz der gefällten Bäume wurde zu Feuerholz weiterverarbeitet oder zur Herstellung von Schnitzereien und Kunsthandwerk verwendet.

Das Leben auf dem Hof in der Waldlichtung war hart und entbehrungsreich. Besonders für seine Frau, die aus der Stadt kam und eine eher zarte ästhetische Natur hatte, war das Pionierleben schwer. Käthi Blaser, eine Emmentaler Bäuerin, die als Jugendliche einmal auf dem Hof mitgeholfen hatte, erzählte beiläufig, wie Arthurs Frau beim Brotteigkneten weinte, sodass salzige Tränen in den Teig flossen.

Um der Wasserknappheit zu entgehen, beauftragte Hermes einen Wünschelrutengänger. In einer etwas über dem Hof gelegenen Mulde wurde der Mann dann fündig. Ja, da unten in der Tiefe sei Wasser spürbar. Hermes und sein Sohn fingen an, den blassen Kalksteinfelsen mit Sprengstoff zu bearbeiten und dann mit Pickel und Schaufel das Loch mühsam weiter auszugraben. Immer tiefer gruben sie, aber kein Wasser zeigt sich. Mit einer selbstgebastelten, wackeligen Leiter, deren Sprossen mit Stricken festgebunden waren, stiegen sie fünf Meter, dann zehn Meter in die Tiefe. Den Schutt trugen sie mit Körben nach oben.

Als er mir das Loch zeigte, war es schon fast fünfzehn Meter tief – ein Zeugnis seines unnachgiebigen Willens. Er war bereits Mitte Achtzig, als ich mit ihm die abenteuerliche Leiter hinunter in die Tiefe kletterte: »Schau da! Da wird es schon feucht. Da sind sogar einige Frösche angesiedelt!« Mir schien es eher, dass die armen Lurche da einfach hineingefallen waren und nicht wieder hinauskonnten. Er würde weitergraben, sagte er; er war sich sicher, dass er bald auf die ersehnte Wasserader stoßen würde.

Besuch in Dornach

Trotz härtester Arbeit auf dem Einödhof gab er weiterhin Kurse und Workshops zu den Themen anthroposophische Heilkunde, Waldorf-Pädagogik, gesunde Ernährung und vor allem biodynamische Landwirtschaft. Es lebte so etwas wie ein Missionar in ihm. Als gestandener Bauer war er es auch, der viele alteingesessene Schweizer Bauern vom Sinn der gift- und kunstdünger-

Unten am Neuenburgersee das Dorf Concise.

freien biologischen Landwirtschaft überzeugen konnte. Das konnten die feingeistigen, eher abgehobenen anthroposophischen Theoretiker aus Dornach oder Stuttgart nicht. Oft waren das gepflegte schöngeistige bürgerliche Naturen, die lediglich kleine Versuchsfelder oder Beete betrieben und nicht wirklich wussten, wie hart das Bauernleben sein konnte. Da war Arthur Hermes, mit seinem von harter Arbeit gezeichneten Gesicht und den schwieligen Händen eine ganz andere Erscheinung als die kultivierten Bewohner des Elfenbeinturms.

Im Laufe der Zeit hatte er eine große Gefolgschaft gestandener Bauern. Es muss in den frühen Sechzigerjahren gewesen sein, da besuchte er mit rund sechzig Bauern die jährliche Landwirtschaftliche Tagung im Goetheanum (Dornach), dem Hauptquartier der Anthroposophen. Sie trugen weder Schlips und Kragen noch blank gewichste Salonschuhe, sondern kamen in den Vortragssaal mit rustikalen Kitteln, schweren Bauernstiefeln, strapazierfähigen Latzhosen und manchmal sogar mit *Zottelichappen* (bäuerlichen Zipfelmützen) auf dem Kopf. Ihr Erscheinen war natürlich eine Sensation. Brav hörten sie den Vorträgen über die ätherischen Bildekräfte, die Astralität des Bienenstocks, den Einfluss der Planeten, die Elementarwesen und dergleichen zu. Bis dann der Großbauer Siegentaler Hermes mit seinen Ellenbogen anstupste und sagte: »Das ist nichts für uns, Arthur! Was die da reden, ist über unserem Kopf!«

Da erhoben sich die sechzig Bauern und marschierten aus dem Saal. Die anderen Gäste der Tagung – so wurde mir erzählt – waren empört. Und seither war Arthur Hermes nicht mehr willkommen im Goetheanum. Er hatte sich schon andere Fehltritte geleistet, etwa als er den Bauern geraten hatte, sie brauchten die biodynamischen Präparate nicht von den Spezialisten im Goetheanum zu kaufen. »Macht doch eure Präparate selber!«, hätte er ihnen gesagt.

Zudem mochte er die leitenden Persönlichkeiten in Dornach nicht. Diese hätten die anthroposophische Bewegung gespalten und kompromittiert. Auch diesbezüglich nahm er kein Blatt vor den Mund, auch hier kam seine anarchistische Wesensart zum Vorschein. Es ist also verständlich, dass er sogar im Zentrum der Steiner-Bewegung zur *persona non grata* wurde. Eine Ablehnung dieser Art erlebte Hermes immer wieder – so auch in der Kommune an der Rhone, wo ich ihm zum ersten Mal begegnet war. Aber er war ein Kämpfer und konnte das wegstecken; auf diese Weise inspirierte er viele, insbesondere die Jugend, für seine Ideen.

Wo Licht, da Schatten

Arthur Hermes strahlte Stärke aus, und er war charismatisch, er zog Menschen in seinen Bann. Da ist es kein Wunder, dass ihm viele Frauenherzen zuflogen. Wie ein heutiger Rockstar hatte er viele »Groupies«, auch einige, die immer wieder seine Kurse besuchten. Manchmal gelang es ihm nicht, der Versuchung zu widerstehen. So kam es, dass eines Tages – es war noch im Schwarzwald im Jahr 1947 – ein Körbchen mit einem Säugling vor seiner Tür abgestellt wurde. Ein kleines Mädchen war es. Arthurs Frau war gnädig und nahm das Kind wie ihr eigenes an und nannte es Beatrice. Sie erzog es liebevoll, wie eine leibliche Mutter. Nicht nur wuchs die Kleine als fröhliches und freies Kindlein auf dem Einödhof heran, es war auch fleißig und künstlerisch begabt. Als junge Frau lernte Beatrice einen Jungen aus dem Winzerdorf Concise unten im Tal kennen und heiratete ihn. Dabei prallten zwei Welten aufeinander, die nicht unterschiedlicher hätten sein können.

Eines Tages, als Christine und ich wieder mal länger bei Hermes auf Besuch waren, kam ein Personenwagen den holprigen Waldweg hochgefahren; der Fahrer schmiss Frauenkleider, Schuhe, Pappkartons mit Büchern, Stiften, Schminke und persönliche Gegenstände auf den Rasen vor die Tür. Ehe er umkehren und verschwinden konnte, ging ich hinaus und fragte den offensichtlich echauffierten Mann, was er da mache. Es seien die Sachen seiner Exfrau Beatrice, die er hinausgeschmissen hatte. Sie sei verrückt, schrie er. »*Elle est complètement folle!*« Und nachdem er sich etwas beruhigt hatte, da ich selbst gefasst blieb, fügte er kopfschüttelnd hinzu: »*Tout la famille est folle!*« (Die ganze Familie ist wahnsinnig!)

Danach blieb die Gute einige Zeit bei ihrem Vater und dem Bruder auf dem Hof. Ihre Arbeit in einer lokalen Fabrik im Tal hatte sie auch verloren, und mit dem Gitarrespielen – was die künstlerisch Begabte gern tat – war es ebenfalls vorbei, denn ihr wurde bei einem Unfall an einer Maschine die Hälfte des Zeigefingers abgetrennt.

Bedingungslos verliebt

Von dem Erzdruiden Merlin, der mit einem Wolf und einem Hirsch im Wald unterwegs war, erzählt man in der Bretagne gern folgende Geschichte: Dem alten Zauberer begegnete in der Einsamkeit des Waldes von Brocéliande ein außergewöhnlich schönes, fünfzehnjähriges Mädchen. Es war die Fee Viviane. Merlin verliebte sich völlig in sie. Allein ihr Anblick wirkte verjüngend auf ihn. Mit ihrem perlenden Lachen und ihrer schönen Stimme verzauberte sie den Zauberer. Obwohl er es hätte besser wissen sollen, plapperte er ihr alle seine Zaubergeheimnisse aus. Da fragte die wilde, junge Frau, wie man einen Mann gegen seinen Willen mit Gesang einschläfern und einen magischen Kreis um ihn ziehen könne, sodass er nie wieder entkommen kann. Das verriet er ihr. Und eines Tages, als sie durch den Wald schlenderten und er sich unter einem alten Weißdornbusch ausruhen wollte, umtanzte sie ihn und sang den Zaubergesang. Es heißt, bis zum heutigen Tage sitzt er dort, selig lächelnd wie ein Buddha.

An diese Geschichte erinnerte ich mich, als Hermes eines Tages erzählte, dass er sich, als er siebzig Jahre alt war, in eine blutjunge Dänin, die bei ihm ein Praktikum machte, verliebt hatte, und sie sich in ihn. Sie war siebzehn Jahre alt. Eine heiße Liebesbeziehung sei das gewesen, und sie wollten unbedingt heiraten. Ihre Eltern hätten jedoch alles unternommen, dass es nicht dazu kam.

Ein Mann hat kein Karma mit seinen Kindern

Eines Tages fragte uns Hermes, ob wir »ein Fräulein aus Deutschland« vom Bahnhof in Concise abholen könnten. Wir gingen ein Stückchen durch den Wald, bis zur Stelle, wo wir das von einem Freund ausgeliehene Auto geparkt hatten, und fuhren los. Am Bahnhof wartete eine jüngere blonde Frau, die sich als Sophie vorstellte; sie war Krankenschwester in einem anthroposophischen Krankenhaus. Wie sich herausstellte, war sie ein weiteres Kind des alten

Magiers, entstanden aus einer flüchtigen Verbindung während eines Workshops. Hermes ignorierte die Besucherin meistens. »Ein Mann hat mit dem Karma eines Kindes, das er gezeugt hat, nichts zu tun!«, kommentierte er eher trocken dazu. Die Aussage traf die junge Frau hart. Auch mit ihren Kindern, seinen Enkeln, deren Vater ein farbiger amerikanischer Besatzungssoldat war, wollte er nichts zu tun haben.

Etwas später, ehe sie sich verabschiedete, sagte Sophie zu uns: »Ja, ihr seht meinen Vater als großen Meister, als spirituellen Lehrer. Aber ihr weigert euch, hinter die Kulissen zu schauen. Ihr wollt nur das Gute sehen. Ihr wisst nicht, was für Leid er manchen Menschen zugefügt hat.«

Sie hatte wahrscheinlich recht. Es stimmte, für uns war Hermes ein Guru, den wir verehrten. Und noch immer halte ich ihn als Freund und Lehrer in Ehren, inzwischen wohl wissend, dass es auch bei ihm – wie man in der Schweiz so schön sagt – »menschelte«. Dazu passen die Worte des großen Seelenforschers Carl Gustav Jung, der da schrieb: »Kein Licht ohne Schatten; und keine seelische Ganzheit ohne Unvollkommenheit. Das Leben bedarf zu seiner Vollendung nicht der Vollkommenheit, sondern der Vollständigkeit. Dazu gehört der ›Pfahl im Fleisch‹, das Erleiden der Mangelhaftigkeit, ohne es kein Vorwärts und kein Aufwärts gibt.«[32]

Arthur Hermes war in diesem Sinn mit seinen hellen und seinen dunklen Seiten ein vollständiger Mensch. Er kannte alle Seiten des Lebens. Und wie er oft – als Lebensbilanz sozusagen – angelehnt an Goethe beteuerte, sei seine Seele »himmelhochjauchzend und zugleich zu Tode betrübt«.

32 C. G. Jung, *Antwort auf Hiob*, Gesamtausgabe XV., Olten: Otto Walter Verlag 1972, Seite 499.

»Wir sehen, dass sich in diesen (megalithischen) Monumenten die Wechselwirkung zwischen menschlichem Geist und der Landschaft verewigt hat.«

Paul Devereux

DER GEIST DER MEGALITH-ZEIT

Nachdem wir längere Zeit mit Arthur Hermes auf seinem Hof verbracht hatten, sah ich in ihm nicht mehr den wiedergeborenen Druiden. Der Archetypus, der in ihm lebte, war älter! Er war eher ein wiedergeborener Priester aus der Zeit der ersten Bauern, der Megalith-Bauern, ein Priester der Erde und des Himmels. Dazu passten auch die Megalith-Steine und der aufrechte Menhir am Rande der kleinen Erhöhung, die sich in der Mitte der Waldlichtung befindet und an die sich Haus und Stall schmiegen.

Der Einödhof ist in der Region bekannt als *Les Biolles,* was angeblich auf das lateinische *Betula,* also »Birke« zurückgehen soll. Hermes aber nannte den Hof Michaelshof. Er weihte ihn Michael, dem Erzengel, der im Herbst mit seiner Engelschar die Dämonen der Finsternis, die Feinde der Bauern bekämpft. Im Mittelalter glaubte man, die Sternschnuppenschauer im Herbst und feurig-glühende Meteoriten seien die Funken, die bei diesem Kampf entstehen.[33]

Im Zuge der christlichen Missionierung der nordeuropäischen Urbevölkerung übernahm Michael die Stelle des mächtigen Gewittergottes Donar[34], der die Feinde Midgards und die Schlange des Chaos mit seinem Hammer vernichtet oder wenigstens in Zaum hält. Donar war selbst wie ein Großbauer. Er hatte die größte Halle und die größten Bierfässer in Asgard, dem Götterreich. Da er die Bauern beschützte und auf sein Wort Verlass war, war er der beliebteste Gott der germanischen Völker. Lange ehe er seine Stelle als Götterkönig an den listenreichen und unberechenbaren Zauberer und Schamanengott Wodan (Odin, Woden, Godan, Woutis) verlor, war er der Gemahl der Erdgöttin. Sein Blitzschlag befruchtete sie. Neben dem regenspendenden Gewittergott spielten die Sonne und die Mutter Erde in der geistigen Schau – heute würden wir sagen, in der Mythologie – der Megalith-Leute eine zentrale Rolle.

Für Arthur Hermes waren Michael, der kosmische Christus, der sich in der Sonne offenbarte, und Mutter Erde absolute Realitäten. Hermes konnte

33 Es handelt sich um ein uraltes archetypisches Motiv. Der Erzengel Michael und seine Streiter erinnern an Lug, eine altirische Lichtgottheit, die mit ihrem magischen Speer (= Blitz) die düsteren, missgestalteten Kräfte des Chaos, die Fomoren, bekämpft. Das Motiv erscheint wieder in J.R.R. Tolkiens *Herr der Ringe,* wo die Helden gegen die schrecklichen Orks kämpfen.

34 Die Skandinavier kannten den Gewittergott als Thor, die Angelsachsen als Thunar. Der Blitzkeilträger ist einer der wichtigsten, wenn nicht gar der wichtigste Gott der indoeuropäischen Völker. Er ist Tanaris der Kelten, Zeus der Hellenen, Jupiter (*Deus pater* = Himmelsvater) der Römer, Perkunas der Balten, Perun der Slawen, Parjanas (der Durchschmetterer) der vedischen Inder und Indra der Hindus.

nur den Kopf schütteln, wenn gelehrte Ärzte und Wissenschaftler, die ab und zu seine Kurse besuchten, das nicht begreifen konnten. Er fragte sich: »Was ist mit denen los? Können sie nicht sehen, dass die Erde uns wie eine Mutter ernährt?«

Jeden Herbst, am Tag des heiligen Michaels – dem 29. September – galt es das Winterkorn auszusäen. Dabei richtete Hermes seinen Geist auf die Sonne und auf die empfangende Erde und säte das »Michaelskorn«, das später zum täglichen Brot wurde, in den frischgepflügten Acker. Das Saatkorn war für ihn Christus, der Sonnengeist, der sich für die Menschen in die Erde hineinopferte.

Bei einigen Völkern wird beim Säen gesungen, bei anderen bewusst Stille bewahrt; bei einigen feiert man Orgien in den Feldern als Teilnahme am Fruchtbarkeitsgeschehen, und bei anderen wiederum übt man Enthaltsamkeit. In jedem Fall ist es eine heilige Handlung, welche die seelische Verbindung mit dem Keimungsprozess und mit dem Pflanzenwesen herstellt. So war es auch bei Arthur Hermes. Beim Aussäen ließ er die Sonne im inneren Firmament (im Herzen) scheinen; er schüttelte den Samen eine Weile in seinen Händen und lenkte dabei seine Gedanken auf den Heiland, den Geist der Sonne.

Bedeutung des Namens Hermes

Die antiken Völker glaubten, dass ein Name nicht willkürlich gegeben wird, sondern im Sinne von *Nomen est Omen*[35] stimmt der Name mit dem Wesen seines Trägers überein. Die Hindus behaupten sogar, dass der Name Teil der Inkarnation ist, wobei die Frau das Kind empfängt und der Mann den dazugehörigen richtigen Namen. Der Name Hermes ist altgermanisch – er lässt sich nicht unmittelbar auf den griechischen Götterbotschafter und Schamanengott Hermes zurückführen, den die Römer später mit ihrem grenzüberschreitenden Merkur identifizierten. Als die römischen Legionen nach Norden kamen, setzten sie den Zaubergott der dortigen Eingeborenen, den Wodan (Woden, Odin), mit ihrem Merkur gleich.[36] Auch das könnte passen, denn Arthur Hermes hatte auch etwas an sich, was an den germanischen Zaubergott und Runenmeister Wodan erinnerte.

Der germanische Name Hermes ist verwandt mit Ermin, Herman oder Irmin und bedeutet »große Säule« (wie die sächsische *Irmin*sul, die »Himmelsstütze«, die Karl der Große im Jahr 772 unserer Zeitrechnung zerstören ließ, was einen dreißigjährigen Krieg auslöste).[37] Solche Säulen, vor allem Steinsäulen, spielten in der Megalith-Zeit, in der jungsteinzeitlichen Großsteingräberkultur (vom 5. bis zum 3. Jahrtausend vor unserer Zeitrechnung) eine zentrale Rolle. Wobei der Begriff Megalith »riesiger Stein« bedeutet: griechisch *mégas* =

»riesig«; *lithos* = »Stein«). Der Familienname Hermes könnte also als »Hüter der heiligen Steinsäule« oder »Hüter des Irminsul« gedeutet werden.

Auch sein Vorname Arthur ist im Sinne von *Nomen est Omen* von Bedeutung. *Art* ist das altkeltische Wort für Bär. König Arthus ist der Bärenkönig, der Bär war das Totemtier der keltischen Krieger. Und bei den germanischen Völkern erscheint der mächtige Donar (Thor, Thunar) in der Gestalt eines Götterbären – er ist der Asenbär, der skandinavische *Asbjörn* und der angelsächsische *Osborn*. Wenn Donar – der sowieso als stark behaart und als äußerst kräftig geschildert wird – in seiner Bärengestalt erscheint, dann sind Blitz und Donner seine Tatzenschläge. Mein erster Eindruck täuschte also nicht, als Hermes mir wie ein Mensch gewordener Bär vorkam.

Rückkehr in die wirkliche Welt

»Wo steckt dieser Storl? Der hat seine Dissertation längst eingereicht, und dann ist er plötzlich verschwunden.« Das fragte mein Doktorvater Professor Walter Dostal, der Vorstand des Ethnologischen Instituts der Universität Bern, seinen Assistenten, den Herrn Dr. Moser.

»Vielleicht hat er kein Geld mehr«, meinte Moser.

»Unsinn«, antwortete der Professor, »der ist Amerikaner, und die Amis schwimmen doch alle in Kohle! Egal, suchen Sie ihn, er soll unbedingt bei mir promovieren.«

Der Professor tat einige Telefonate und sagte dann: »Ich habe ein Fulbright-Stipendium für amerikanische Studenten im Aufbaustudium im Ausland für ihn organisiert. Das zahlt gut, das sollte ihn zurücklocken!«

Dr. Moser, der später Professor für afrikanische Ethnologie in Bern wurde, war eigentlich einer meiner sehr guten Freunde; ich hatte ihn einige Jahre zuvor in Wien am dortigen Völkerkunde-Institut kennengelernt. Auch hatte er mich schon einmal in der biodynamischen Kommune an der Rhone besucht und hegte den Verdacht, dass ich mich völlig in der skurrilen anthroposophischen Weltanschauung und deren Naturmystik verheddert hatte und wahrscheinlich dabei war, für die wissenschaftliche Anthropologie verloren zu gehen. Der beflissene Assistent fand mich dann schließlich auf dem Michaelshof und war sich ziemlich sicher, dass ich den Köder nicht annehmen

35 *Nomen est omen:* Der Name ist Weissagung, der Name deutet auf das Wesen hin.

36 Deswegen heißt der Tag des Merkurs, der Mittwoch (Latein *dies Mercurii;* Spanisch *miércoles;* Italienisch *mercoledì;* Französisch *mercredi*), in den germanischen Sprachen in Skandinavien *Onsdag* (Odinstag), in den Niederlanden *Woensdag* (Wodanstag) und im Englischen *Wednesday* (Wodanstag).

37 Dennoch geht auch der griechische Göttername auf das altgriechische *herma* zurück, das »Felsen« bedeutet.

würde, schon wegen meiner Freundin, diesem halbwilden Hippiemädchen, das seiner Ansicht nach überhaupt keine intellektuellen Interessen zu haben schien und das ganze Universitätsgehabe ablehnte.

Aber entgegen seiner Befürchtung nahm ich das großzügige Angebot an und zog nach Bern. Professor Dostal setzte mir einen Stapel Fachzeitschriften – *American Anthropologist* und *Current Anthropology* – vor die Nase, in denen ich büffeln sollte, um mir die metaphysischen Flausen aus dem Kopf zu jagen. In seinen Augen hatte ich die Ursünde eines akademischen Ethnologen begangen und mich zu sehr mit dem Gegenstand der Untersuchung identifiziert. Wenn ich ihn besuchte, wurden mir Fleisch und irgendein hochprozentiges geistiges Getränk vorgesetzt, denn, wie er sagte, sollte ich »keine *Summa Theologica*« als Doktorarbeit vorlegen, sondern ein fundiertes wissenschaftliches Werk. Alkohol und Fleisch würden mich schon aus dem Wolkenkuckucksheim herunterbringen.

Eigentlich hatte ich die Dissertation[38] schon längst fertig geschrieben, hatte sie aber nach dem Abstecher in die biodynamische Kommune in die Schublade gelegt. Ich brauchte ihr also nur noch einen letzten Schliff zu verpassen. Mein Deutsch war damals noch so schlecht, dass der Professor mich bat, die Arbeit auf Englisch zu schreiben. Da er bei der mündlichen Prüfung befürchtete, ich würde trotz aller Vorsichtsmaßnahmen doch ins Nichtwissenschaftliche, Esoterische abgleiten, nahm er sich vor, seine Kollegen in der Prüfungskommission mit den neusten Erkenntnissen der sowjetischen Ethnologie abzulenken. Aber das brauchte er gar nicht, und ich schloss mein Studium mit *magna cum laude* ab. Ich war der erste akademische »Sohn« meines Doktorvaters; er hatte keine leiblichen Söhne.

Als frischgebackener Doktor zog ich dann mit Christine nach Amerika, wo ich in Südoregon an einem College Anthropologie und Sozialwissenschaft unterrichtete. Nebenbei, eher als Hobby, gab ich jedes Wochenende einen Kurs in biodynamischer Landwirtschaft. Dieser Kurs kam wie folgt zustande: Da sich unser Selbstversorgergemüsegarten direkt an der Straße zum Campus befand, wurden viele Studenten neugierig, was ich da treibe. So kam es, dass ich neben meinen anderen Aufgaben als Anthropologe am Wochenende *biodynamic Horticulture* unterrichtete. Das College stellte sogar einen Acker dafür zur Verfügung. Ich lehrte, was ich von Gärtnermeister Stauffer und von Arthur Hermes gelernt hatte. Die Studenten fragten, ob es Literatur zu dem, was sie von mir lernten, gab. Die gab es nicht, denn ich hatte unmittelbar von dem alten Bergbauern, dem Gärtnermeister und Schweizer Bauern gelernt und nicht aus irgendwelchen Büchern. Die Studenten baten, ob ich ihnen nicht wenigstens meine Vorlesungsnotizen zur Verfügung stellen könnte. Ja, das konnte ich; daraus entstand mein erstes Buch, *Culture and Horticulture*[39], das ich ihnen zu Herstellungskosten zur Verfügung stellte. Eine Raubkopie verbreitete sich in Windeseile unter den diversen alternativen Landkommunen und Hippie-Gärtnern an der gesamten Westküste. So bekamen die Einsichten und Ansichten des Artur Hermes auch Wurzeln in Amerika. Man sah wieder einmal, wie das Karma wirkt.

Ein Emmentaler Bauernhof

Nach drei Jahren drängte es uns wieder in die Welt hinaus. Besonders Christine wünschte sich den alten Meister, Arthur Hermes, der ihr geistigen Halt gegeben hatte, wiederzusehen. Zur Überraschung meiner Kollegen kündigte ich meine feste Stelle. Wir zogen auf einen biodynamischen Bauernhof ins Emmental, einen ganz traditionellen Hof, der wie in Gotthelfs Zeiten weitgehend autark war und sich mit Gemüse, Milch, Weichkäse, Brotgetreide und Eiern selbst versorgte.

Selbstverständlich sollte es auch eine Feldforschung werden: Es ging mir darum, die Energie-Input/Output-Bilanz der herkömmlichen europäischen Landwirtschaft zu dokumentieren. Die Wirtschaft war ja gerade durch die erste Ölkrise erschüttert worden; da war eine derartige Studie interessant. Man wusste, dass das amerikanische Agrobusiness riesige Ernten einbrachte, das aber nur, weil ihr Unmengen fossiler Energie für Agrarchemie und Transport zur Verfügung standen. Die Frage, die sich stellte, war: Wie war der in Kilokalorien umgerechnete Energieverbrauch in der bäuerlichen Wirtschaft, ehe sich die industrielle Revolution dermaßen radikal durchsetzte.

Der Familienhof gehörte mit zu den rund sechzig alteingesessenen Höfen, die in den Fünfzigerjahren Hermes folgten und sich der biodynamischen Landwirtschaftsbewegung angeschlossen hatten. Nicht alle blieben bei der neuen Lehre, dieser Hof jedoch war einer, der weiterhin biodynamisch wirtschaftete. Die Bauern, bei denen wir uns befanden, stellten ihre eigenen biodynamischen Präparate her, achteten auf die Mondzeichen und -rhythmen und lasen fleißig den »Landwirtschaftlichen Kurs« von Rudolf Steiner. Die Kühe hatten individuelle Namen und wurden von Hand gemolken, ein eigener *Muni* (Stier) sorgte – anstelle der staatlichen Samenbank – für bovinen Nachwuchs. Einen Schlepper gab es nicht, zwei Kaltblüter beförderten die Milchkannen jeden Tag zur Käserei, zogen Pflug und Egge, den Heuwagen im

38 Wolf-Dieter Storl, *Schamanism among Americans of European Origin*. Inaug. Dis. Universität Bern, 1974.

39 Das Buch gilt inzwischen als Klassiker in den USA. Der Longseller wurde 1979 von der Biodynamic Farming and Gardening Association veröffentlicht; neuste Ausgabe bei North Atlantic Books, Berkeley, California, 2013.

Hof und Landschaft.

Hof im Emmental.

Sommer und im November die bei Neumond gefällten Tannen- und Fichtenstämme. Das Getreide für den Frühstücksbrei und das tägliche Brot wurde selbst angebaut; die Frauen mahlten und backten das Brot, versorgten Hühner und Kleinvieh, pflegten den Selbstversorgergemüsegarten und kannten sich bestens mit Heilpflanzentees und Salben aus, die Mensch und Vieh gesund hielten. Fast alles, was gegessen wurde und was das Vieh fraß, kam von dem Hof. Bei diesen wackeren Bauersleuten waren Hermes und seine auf praktischer Erfahrung ruhenden Ratschläge noch immer willkommen.

Eines Tages erschien er dort, um wieder einmal einen Kurs zu halten. Es war ein freudiges Wiedersehen mit dem alten Meister. »Euer Ätherleib ist vollkommen amerikanisiert«, sagte er leicht missbilligend, »da muss ich mich erst mal darauf umstellen.«

Er erzählte dann, dass sich in den drei Jahren, während wir in Oregon waren, vieles verändert hätte. Der Michaelshof sei während dieser Zeit abgebrannt. Haidfried, der damals in der Werkstatt etwas anmalte, hatte einen mit Farbverdünner getränkten Lappen im Herd verbrennen wollen. Das flüchtige Öl entzündete sich sofort und schoss als Stichflamme heraus. Im Nu brannte alles lichterloh, das trockene Holz, die Stoffe, die im Entstehen sich befindenden Musikinstrumente und Kunstwerke. Das Feuer griff auf den Stall und auf die Scheune über. Das Pferd scheute in Panik, ließ sich nicht hinausführen wie die Kühe – Pferde fühlen sich bei Gefahr sicherer im vertrauten Stall. Das arme Tier verbrannte. Das ganze Haus wäre abgebrannt, aber zum Glück rettete eine Feuerwand den Wohnteil des Hauses.

Das Feuer sei – ähnlich wie der Großbrand, der in der Silvesternacht 1922 das Goetheanum, das Zentrum der Steiner-Bewegung, zerstörte – eine Prüfung gewesen. Widersachermächte, dunkle Kräfte hätten damals in Dornach Feuer gelegt. Niemand weiß jedoch, wer die Bandstifter gewesen seien; Mutmaßungen dazu gibt es viele. Rudolf Steiner sprach damals von Karma, von Läuterung. Als Läuterung, als eine weitere Stufe der Initiation, sah auch Hermes die Feuersbrunst auf dem Michaelshof.

Der abgebrannte Hof war, als wir ihn sahen, inzwischen wiederaufgebaut worden, aber wir merkten, dass es den inzwischen Neunzigjährigen viel Kraft gekostet hatte. Nicht nur das Feuer hatte an seinen Kräften gezehrt, sondern auch ein merkwürdiger Geselle namens Herby[40], der als Schüler und Gehilfe seit über zwei Jahren mit auf dem Michaelshof lebte. Wir lernten den jungen Mann kennen, als er Hermes bei einem seiner Besuche zum Emmentaler Hof begleitete. Wie ein Schatten folgte er dem Alten, er machte haargenau dem Meister alles nach, bis hin zur Mimik. Er kleidete sich wie genau wie Hermes, sprach und bewegte sich wie ein lebendiges Spiegelbild. Es war echt

40 Der Name wurde geändert.

unheimlich. Hatte der Bursche kein »Ich«, keine eigene Persönlichkeit? Oder war er wirklich ein echter Verehrer, der seinem Meister bedingungslos diente, wie in Indien ein *Chela* (Jünger) seinem *Guru* dient, und der eines Tages den Hof weiterführen würde? Oder handelte es sich bei diesem Herby um einen Energievampir? Ich konnte es nicht beurteilen. Auf jeden Fall schien er ein besserer Schüler des Meisters zu sein als ich. Soweit ich weiß, trank er keinen Alkohol, ernährte sich vegetarisch und stellte nichts infrage.

Im Mai, 1982, nachdem wir eine Weile in der Charante-Maritime bei Weinbauern verbracht und vorübergehend wieder in der Kommune an der Rhone gelebt hatten, besuchten wir auf dem Weg nach Indien den Michaelshof noch einmal. Der unheimliche Schüler war inzwischen gegangen. Dieser Herby, erzählte Hermes, hätte Haidfried gequält, in Wutausbrüchen das Pferd geschlagen und eine Kuh sogar mit einer Heugabel verletzt. Er sei »wie vom Teufel besessen«.

Ja, ich konnte mir das irgendwie vorstellen. In den Sagen wird ein Zauberer immer vom Teufel heimgesucht und versucht. Wurde nicht auch der Gelehrte Faust, der sich in Magie und Beschwörung übte, von Mephistopheles besucht, wie wir es in Goethes *Faust* lesen können?

Der junge Mann ging dann, wie Hermes erzählte, »nach vielen endlosen, zermürbenden Gesprächen« fort. Er ging, nachdem er versucht hätte, »Herr des Michaelhofes« und Meister der Druidenstätte zu werden, nachdem er versucht hätte, Hermes in ein anthroposophisches Altersheim und Haidfried in eine psychiatrische Heilanstalt sperren zu lassen. Im Zorn darüber, dass es ihm misslang, hätte er der Milchkuh die Mistgabel in die Flanke getrieben. Ehe er ging, hätte er verlangt, dass er noch zwei Jahre Lohn nachgezahlt bekomme. Er hätte den neu angeschafften Motormäher mitgenommen und sei dann als Mitarbeiter auf die Schlangenfarm eines Züricher Millionärs gegangen.

All das hatte an dem Alten genagt und schien ihn misstrauischer gemacht zu haben. Oder war ich es, der inzwischen misstrauischer geworden war, vorsichtiger gegenüber all der esoterischen Schöngeisterei und dem doppelbödigen Magischen? Ich mochte Hermes sehr, aber es war weniger wegen seinem okkulten Wissen; es war eher sein Wesen, seine Menschlichkeit, sein Mut, seine Willensstärke, sein selbstbestimmter Lebensweg, seine Naturkenntnisse und vor allem die bunten Geschichten, die er von seiner Kindheit als Bauernjunge erzählte. Das konnte man ihm aber nicht ins Gesicht sagen. Das lehnte er, aus Demut vor seinem spirituellen Guru Rudolf Steiner, ab.

Nachdem uns der Alte sein Herz ausgeschüttet hatte, hatten wir noch, wie so oft zuvor, einige schöne Unterhaltungen bei Kaffee und Kuchen. Wie bei allen typischen schamanistischen Persönlichkeiten und wie ich es auch bei den miteinander konkurrierenden Medien der Spiritisten[41] erlebt hatte, hatte er immer etwas an anderen Wunderwirkern und sogenannten spirituellen Lehrern und Heilern auszusetzen. Er durchschaute ihre Machenschaften – auch diejenigen einiger Anthroposophen – und sah, wie sie sich selbst und andere belogen. Ausnahmen waren die »alten Kanonen«, die Pioniere der anthroposophischen Bewegung und des biologisch-dynamischen Landbaus, Menschen wie ein gewisser Franz Rülni, der jedes Jahr einen Sternenkalender für Landwirte veröffentlichte, wie die Ärztin Ita Wegmann oder wie die Walddorfpädagogin Caroline von Heydebrand, die er wie eine Heilige verehrte.

Während der Unterhaltung rief eine gewisse Frau Mühlenberg an; sie sei wieder der Zigarettensucht verfallen, was sie dagegen machen könnte?

»Ja«, riet ihr Hermes, »jedes Mal, wenn Sie eine Zigarette haben müssen, dann schlagen Sie die Bibel an irgendeiner beliebigen Stelle auf und lesen Sie!«

Er sagte das, obwohl er ansonsten gar nichts von dem vielen Bibellesen hielt. Das sei unnützer Aberglaube. Er hatte der Frau Mühlenberg sicherlich guten Rat gegeben, ich merkte aber, wie er seine Rolle inzwischen eher leid war. Es war eine zunehmende Last für ihn, den Menschen, die sich eigentlich selbst besinnen sollten, immer wieder guten Rat erteilen zu müssen.

41 Mehr zum Thema in Wolf-Dieter Storl, *Mein amerikanischer Kulturschock*. Kailash 2017, Seite 284ff.

»Verschwende deine Energie nicht im Kampf gegen das Negative, sondern benutze sie, um das Positive zu fördern.«

Manfred Stauffer, Gärtner- und Kompostmeister

DEN HOF ÜBERNEHMEN

Nach einem langen Aufenthalt in Indien kehrten wir in das Land der Cowboys und Indianer, nach Wyoming, die Heimat meiner Frau zurück. Der Bundesstaat Wyoming, mit einer Fläche so groß wie die alte Bundesrepublik, hatte damals eine Einwohnerzahl von weniger als einer halben Million. Wenn man durch Steppe und Berge wanderte, war es oft so, dass man eher Elchen oder Bären begegnete als Menschen. Dort befreundete ich mich mit Bill Tallbull, einem bekannten Medizinmann der Cheyenne und verbrachte viel Zeit mit ihm. Er führte mich in die Weltsicht der paläolithischen Großwildjäger ein, die vor rund 15 000 Jahren von Sibirien aus kommend die Neue Welt besiedelten. Ich lernte, wie die amerikanischen Ureinwohner mit den Geistern der Tiere, Pflanzen und den Naturgeistern kommunizierten, lernte vieles über die Großmutter, die unter der Erde lebt und die Seelen hütet, und merkte dabei, dass diese Imagination ganz nahe mit der unserer Frau Holle verbunden ist. Ja, auch unsere fernen Vorfahren waren einst altsteinzeitliche Großwildjäger gewesen und teilten ähnliche Visionen und ähnliche Überlebenstechniken; auch sie lebten in Stangenzelten (Tipis), praktizierten Schamanismus und benutzten dieselben Kräuter, um sich zu heilen.[42] In anderen Worten: Ich entdeckte ganz tiefe Schichten des kollektiven Unterbewusstseins und dabei zugleich den paläolithischen Jäger in mir. Das war anders als das Bewusstsein der archetypischen Bauern, das sich im Wesen unseres verehrten Meisters Arthur Hermes offenbarte. Für die Steppen- und Waldindianer war die Erde keine leidende *Mater Dolorosa,* keine Herrin des Ackerfeldes; da waren die Geister der wilden Tiere wichtig; da war der Wolf ein verehrtes Wesen, ein Verwandter, der wie die Menschen von der Jagd lebte; da waren keine Priester nötig, sondern Schamanen und Schamaninnen, die unmittelbar mit den Naturgeistern verkehrten. Auch wenn Hermes etwas Schamanisches an sich hatte, so war es doch anders. Das großartige Weltbild des Arthur Hermes war das der sesshaften Ackerbauern, die an ihrer Scholle klebten und deren Tiere domestiziert waren.

Wir hatten uns gut in Wyoming eingelebt, hatten neue Freunde unter den Cowboys und Bikern, die ein recht wildes anarchistisches Leben führten.

42 Näheres dazu in Wolf-Dieter Storl, *Urmedizin.* AT 2015, Seite 59ff. Und ders., *Ich bin ein Teil des Waldes,* Nymphenburger 2021, Seite 231.

Dann, ohne dass ich mich darum bemühen musste, bekam ich einen Lehrauftrag am örtlichen Sheridan College und, da die Lehrstuhlinhaberin todkrank war, Aussicht auf eine vollamtliche Dozentur als Anthropologe. Wahrscheinlich wären wir heute noch dort, aber eines Tages, als ich mit meiner Frau über die hügelige, mit Steppenbeifuß bewachsene Prärie lief und wir uns in der Nähe des Wagon-Box-Schlachtfeldes befanden, auf dem die Sioux und Cheyenne eine bittere Niederlage hatten hinnehmen müssen[43], da geschah etwas Merkwürdiges. Wir standen gerade auf dem Kommandohügel, von dem aus damals der Oglala-Lakota-Häuptling Red Cloud den Kampf anführte, als Christine spürte, wie ihr unsichtbare Finger auf die Schulter klopften. Sie hatte das Gefühl, es sei Arthur Hermes. Kurz darauf flatterte tatsächlich ein Brief des alten Einsiedlers in den Briefkasten. Darin schrieb er, er sei nun über neunzig Jahre alt und er wolle uns den Michaelshof im Schweizer Jura vermachen. Der Michaelshof sollte auf der Grundlage der anthroposophischen Natur- und Geisteswissenschaft eine »Menschenlebenswahrheitsstätte« werden, eine Inselstätte innerhalb der gegenwärtigen kulturellen Niedergangsströmung und der seelischen Not der Menschheit … und so weiter.

Es schien wie ein Ruf des Schicksals. Wir brachen alle Brücken hinter uns ab. Wir kratzten unser Geld zusammen und kauften ein Flugticket in die Schweiz.

Medical Anthropology Class/Sheridan College 1985.

In dieser Zeit hatte ich einen klaren Traum, in dem mir Hermes als Magier erschien. Er hatte sogar einen spitzen, mit Sonne, Mond und Sternen verzierten Zauberhut auf. Er befand sich in einem tiefen Keller oder in einer dunklen Höhle; rundherum saßen Menschen, vor allem Frauen, die er in einen Zauberschlaf versetzt hatte. Auch meine Gefährtin Christine war mesmerisiert worden. Ich jedoch blieb wach und versuchte die anderen zu wecken, aber sie blieben verzaubert. Mit Mühe gelang es mir, Christine zu wecken und mit ihr zu entkommen. In dem Traum war es mir, als sei es Wotan gewesen, der mir erschien, ein Archetypus, der den Menschen unheimlich werden kann. Überhaupt war ich mir nicht ganz sicher, ob das wirklich mein Dharma, meine Lebensaufgabe war, biodynamischer Bergbauer mit soziotherapeutischem Auftrag zu sein. Auch Christine hatte ein eher mulmiges Gefühl.

Als wir dann nach der langen Reise auf dem Hof ankamen, war es Haidfried, dem wir als Erstes begegneten. Er grüßte nicht freundlich, sondern fragte etwas verstört: »Was habt ihr denn hier zu suchen?« Dann verschwand er im Wald, so wie er es immer tat, wenn ihm etwas nicht passte. Der alte Hermes dagegen freute sich offenbar, dass wir gekommen waren. »Ich freue mich schon auf die warmen Suppen, die Christine für mich kochen wird«, sagte er, »und ich bin so froh, dass jemand da sein wird, der Haidfried betreut!«

Der einst so starke Mann, der Bär, war sichtlich älter geworden. Immer wieder schlief er ein, manchmal sogar, während man mit ihm sprach. Er hätte Herzasthma, sagte er. Eine anthroposophische Ärztin – oder war sie eine Heilpraktikerin? – behandelte ihn deswegen und spritze ihm *Aurum metallicum,* homöopathisches Gold. Sie hätte ihn schon mehrere Monate damit behandelt.

»Herzasthma? Was soll das sein?«, fragte ich ihn und er zuckte mit den Schultern. »Keine Ahnung«, antwortete er.

Wie nebenbei erfuhren wir, dass der Hof Schulden hatte. Er warf nicht genügend Gewinn ab, um sich selbst zu tragen. Weder die Rente, die Hermes als Verfolgter des Nazi-Regimes erhielt, reichte aus, noch was er mit seinen Vorträgen und Seminaren verdiente. Glücklicherweise war eine Gruppe Anthroposophen bereit, den Hof finanziell mit Krediten zu unterstützen, wenn wir ihn übernehmen. Diese Leute würden jedoch das Sagen haben, was auf dem Michaelshof geschieht.

Wir gingen früh zu Bett, denn am nächsten Morgen sollte die feierliche Hofübergabe stattfinden. Als Zeugen waren schon einige andere Gäste angereist, darunter auch die Heilpraktikerin.

43 In der Schlacht, die 1867 stattfand, hatten die Indianer eine Kompanie US-Blauröcke umzingelt und waren sich des Sieges sicher. Was die Krieger nicht wussten, war, dass ihre Feinde mit neuen Springfield-Hinterlader-Gewehren ausgerüstet waren, was zu einem Massaker an den Indianern führte.

Auf dem Michaelshof bei Arthur Hermes.

Gespräch mit Arthur Hermes 1985.

Wir legten uns in die aus Fichtenholz gezimmerten Betten, die wie Särge ohne Deckel aussahen, fanden aber keinen Schlaf. Es war, als woge ein Kampf der Geister in und um uns. Am nächsten Morgen waren wir wie gerädert.

»Sag ihm doch endlich, dass wir es nicht machen können!«, rügte mich Christine. »Worauf wartest du?«

»Alles hat seine richtige Zeit. Wenn alle Besucher da sind, werde ich es sagen!«, antwortete ich ihr. Dabei hatte ich offenbar mit den Füßen gestampft. Es war, kommentierte Christine später, als mache ich unwillkürlich einige indianische Tanzschritte – Tanzschritte eines Kriegers.

Während des Vormittags kamen weitere Gäste, die die Übergabe bezeugen sollten. Unter ihnen waren devote Anhänger des großen Bauernphilosophen, anthroposophische Gönner, die von Dornach angereist waren, alte Freunde und ein junger Mann namens Stephan, der als Gehilfe mit auf dem Hof lebte. Dieser Stephan, der sich für biologische Landwirtschaft interessierte, hatte mir 1982, kurz nachdem ich beim Hermann Bauer Verlag mein erstes Buch in deutscher Sprache, *Der Garten als Mikrokosmos,* veröffentlicht hatte, einen Brief geschrieben. Er schrieb, er hätte das Buch gelesen und wollte wissen, ob es diesen Arthur Hermes, den ich darin erwähne, wirklich gäbe oder ob es lediglich eine literarische Fantasiefigur sei. Ich antwortete ihm, es gäbe den weisen alte Bergbauern wirklich, und gab ihm auch dessen Anschrift. So machte sich der Student auf den Weg zum Michaelshof und blieb. Ich lernte den jungen Mann nun kennen.

Für die Übergabe hatte man im Hof eine lange Tafel für die Besucher aufgestellt. Hermes selbst saß, wie ein alter König, am Haupt des langen Tisches auf einem mit Schaffell gepolsterten Sessel. Er war in eine Wolldecke gehüllt und trug einen verschlissenen Strohhut wie eine Krone. Neben ihm hatte Stephan, wie ein ritterlicher Paladin, Platz genommen. Auf der anderen Seite saß die Medizinerin, die dem Hofherrn täglich *Aurum* spritzte. Ich hatte keinen guten Draht zu ihr. Es schien mir, als gefalle ihr die Hilflosigkeit des alten Meisters; sie kam mir vor wie eine Dompteurin, die den sonst so ungezähmten Löwen mithilfe der magischen Injektionen gefügig gemacht hatte.

Von Haidfried fehlte an dem Morgen jede Spur, er hatte sich in den Wald zurückgezogen. Christine und ich saßen Hermes gegenüber, am unteren Ende der Tafel. Nach kurzen Gesprächen und dem Austauschen von Höflichkeiten unter den Anwesenden richtete Hermes feierlich seine Worte an uns: »Wolf-Dieter und Christine, übernehmt ihr den Michaelshof als eure Lebensaufgabe?«

Alles andere als eine positive Bestätigung stand nun außer Frage. Schließlich hatten wir den langen Weg aus Amerika angetreten, um diese Aufgabe zu übernehmen. Aber ich sagte: »Nein!«

Diese Aussage schlug ein wie ein Blitz aus heiterem Himmel. Man sah es den Gesichtern der Anwesenden an. Sie waren schockiert.

Hermes behielt seine Fassung. »Warum nicht?«, wollte er wissen.

»Wir glaubten, wir würden hier frei sein, aber es ist unmöglich für uns, uns den Anordnungen unbekannter anthroposophischer Gönner oder einer bestimmten Ideologie unterzuordnen.«

»Lehnt ihr die Anthroposophie ab?«, fragte er weiter.

Ich versuchte die Antwort so vorsichtig wie möglich zu artikulieren: »Man erkennt den Baum an seinen Früchten. Manche der Anthroposophen, denen wir begegnet sind, sind schwer zu ertragen. Das heißt aber nicht, dass wir Rudolf Steiner und sein Lebenswerk nicht schätzen; seine Philosophie hat uns weit gebracht und geistig bereichert. Es ist jedoch, wie eine buddhistische Parabel besagt: Eine Lehre ist wie ein Boot, sie hilft einem, den Fluss zu überqueren. Aber dann, am anderen Ufer, lässt man das Boot zurück und schleppt es nicht weiter.«

»Was uns begeistert, sind nicht unbedingt die anthroposophischen Lehren, die du uns vermittelt hast«, fuhr ich fort, »sondern dein persönliches Leben, deine Einstellung zum Dasein, dein Charakter und deine Geschichten.«

Was ich sagte, war die Wahrheit, und ich hoffte, diese zu hören, würde auch für ihn – wenigstens unterbewusst – etwas Befreiendes an sich haben.

Unsere Entscheidung muss dennoch für Hermes so etwas wie Wortbruch gewesen sein. Öfters hatte er gesagt »Ein Mensch ist so gut wie sein Wort!«

Der Emmentaler Bio-Hof und Landschaft.

Und in dem Zusammenhang erzählte er immer die Geschichte von seinem Vater, der nie etwas unterschrieb, auch bei der Bank und den Behörden nicht. »Wenn mein Wort nicht gut genug ist, dann wird eine Unterschrift es auch nicht sein!«, hätte dieser gesagt.

Nach einer bleiernen Pause fragte der Alte: »Wer soll nun die Verantwortung für den Hof übernehmen?«

Da meldete sich der junge Student, Stephan, der neben ihm saß: »Ich werde es tun! Ich übernehme die Aufgabe.«

Dafür, dass Stephan für uns eingesprungen ist, bin ich ihm aus ganzen Herzen dankbar. Er blieb auf dem Michaelshof.

Ehe wir den sich im Schock befindenden Kreis verließen, um im Haus unsere Sachen aus dem Zimmer zu holen, hörte ich zufällig, wie der alte Hermes mit der Frau, die ihm gerade ihre Spritze versetzte, tuschelte: »Ja«, mutmaßte er, »es waren sicherlich die alten Frauen in Aigues-Vertes, in der Gemeinschaft da unten an der Rhone, die die beiden negativ beeinflusst haben.«

Mit der Mutmaßung lag er jedoch falsch. Es war nicht so, dass uns jemand verhext hatte. Es war eine freie Entscheidung. Es war die schwer errungene Erkenntnis, dass es nicht unsere Lebensaufgabe war, auf dem Michaelshof zu bleiben.

Als wir uns voneinander verabschiedeten, sagte Hermes, er hoffe, dass wir uns im nächsten Leben als Freunde und nicht als Feinde wiederbegegnen werden. Für Christine und mich stand das außer Frage. Wir hegten unsererseits keine unguten Gefühle ihm gegenüber. Ganz im Gegenteil. Und überhaupt, seit der Begegnung mit der indischen Philosophie habe ich versucht, das dualistische Denken, das Aufteilen in Gut und Böse, Freund und Feind zu überwinden und das Göttliche in allem zu sehen.

Wir jedenfalls hatten alle Brücken hinter uns abgebrochen. Was blieb uns übrig? Wir entschieden, nach Indien zu gehen, wo wir uns auskannten, Freunde hatten und wo man ganz billig, für zwei, drei Dollar pro Tag, leben konnte. Im indischen Konsulat wurde uns mitgeteilt, dass es neue Einreisebestimmungen gab. Man könnte nur in dem Land, in dem man Staatsbürger ist, einen Visa-Antrag stellen. Das hätte bedeutet, dass wir erst mal wieder in die USA zurückfliegen müssten. Aber das wäre uns zu teuer geworden.

Der indische Beamte sah, wie traurig Christine wurde. Da bekam er Mitleid und stempelte, trotz Vorschriften, das Aufenthaltsvisa in unsere Pässe. Diese Art Verhalten, wenn aufgrund menschlicher Gefühle festgesetzte Regeln übergangen werden, habe ich in Indien öfters erleben können. Der Beamte hatte wahrscheinlich gespürt, dass es für die beiden, die da vor ihm standen, karmisch wichtig sei, das heilige Bharat (Indien) wiederzusehen. Vielleicht war es eine Gottheit selbst, die ihm die Inspiration dazu gab. Und es stimmte, die Reise war wichtig. Am Ganges wurde ich todkrank; es war eine Art Initiationserlebnis, und ich wusste danach, was meine Aufgabe in diesem Leben ist und dass es mein Dharma war, nach Europa, und nicht nach Amerika, zurückzukehren und Bücher zu schreiben.

Nach einem knappen Jahr – die Tschernobyl-Katastrophe hatte sich gerade ereignet – landeten wir wieder in der Schweiz. Da erfuhr ich, dass der alte Druide gestorben war, und zwar nicht lange nachdem wir ihn das letzte Mal gesehen hatten. Früh am Morgen des Donnerstag, 24. Oktober 1985, sei er aufgestanden und hätte zum letzten Mal Feuer im Herd gemacht, seinen Wildkräutertee gekocht und getrunken. Dann legte er sich wieder hin und verließ seinen Erdenleib. Ein friedlicher Tod für den alten Kämpen.

Stephan, der auf dem Hof geblieben war, hatte Arthur Hermes am Sterbebett versprochen, sich um Haidfried zu kümmern; und dreißig Jahre lang hat er es getan. Den Hof hat Stephan nicht übernommen, denn wie er selbst sagt, war er damals zu jung für die Verantwortung, aber dennoch sei er dankbar für die Erfahrung.[44] Heute ist *Les Biolles,* der ehemalige Michaelshof, Teil der sozialpädagogischen Einrichtung der Fondation Saint-George (Yverdon).

Unmittelbar nachdem wir aus Indien zurückkamen, besuchte ich den Michaelshof vorläufig zum letzten Mal. Die Urne mit der Asche des alten Meisters hatte man am Fuße des Menhirs in die Erde bestattet. Ein passender Ort für die megalithische Seele!

Einige Freunde kamen mit, um ihm die letzte Ehre zu erweisen, darunter auch mein Freund Professor Rupert Moser, dessen Lebensgefährtin zu diesem Anlass eine schöne Arie sang. Wir pflanzten unter dem Megalith-Stein eine Erikastaude, ein purpurblühendes Heidekraut, in Erinnerung an die Heidelandschaft, in der Hermes sein irdisches Leben angetreten hatte.

44 Inzwischen leitet Stephan Schlütter die Gartenbauarbeitsschule in Steglitz-Zehlendorf bei Berlin. Er gibt einen wunderbaren Blog heraus, mit Bildern der lokalen Flora und Fauna. Stephan ist Landwirt, Obstbaumwart, Gärtnermeister, zertifizierter Feldbotaniker und Dipl.-Ing. Landwirtschaft: https://www.gartensteglitz.de (zuletzt abgerufen am 17. April 2023).

Und nun verabschieden wir uns ganz im Sinne von Hermes mit seinen Worten:

»So jung wie heute kommen wir nie wieder zusammen!«

»Alles verzehrt die Macht der Zeiten.«

Sophokles, Aias 680

»Alles ist vergänglich, nur der Kuhschwanz bleibt länglich.«

Arthur Hermes

ALLES VERZEHRT DIE ZEIT

Um noch ein paar passende Illustrationen für dieses Buch zu bekommen, fuhr ich mit meinem Sohn Ingo ins Waadtland, denn Fotos von dem alten Zauberer Arthur Hermes und dem Michaelshof gibt es ja leider nur wenige. Zwar hatte der alte Meister schon lange das Zeitliche gesegnet, aber wir wollten das aus weiß-gelblichem Jura-Kalkstein gebaute Bauernhaus und vor allem den »Druidenhügel« mit seinen Megalith-Steinen sowie die dort wachsenden Bäume und Kräuter fotografieren.

Mit dem Navigationsgerät fand man ohne Weiteres das an dem wunderschönen Neuenburgersee (Lac de Neuchâtel) gelegene Winzerdorf Concise; sogar *Les Biolles,* wie die Waldlichtung und der Hof offiziell heißen, war da angegeben. Wir folgten einer asphaltierten Straße, die sich durch den Mischwald wand, den Berg hinauf zu diesem Ort.

Was sich dort zeigte, war mir völlig unbekannt. Mehrere Gebäude waren da, Behausungen für pflegebedürftige Bewohner, für *les handicapés mental,* Schafställe, Garagen und Werkstätten. Das sollte mal der Michaelshof gewesen sein? Nein, das konnte nicht sein! Wir kehrten um und suchten anderswo. Eine Bäuerin an einem weiter abseits gelegenen Hof meinte: Doch, das sei der Ort, den wir suchten. Also fuhren wir zurück. Der Leiter der dort angesiedelten Fondation Saint-Georg war nicht anwesend. Eine nette Mitarbeiterin erteilte uns die Erlaubnis, das Gelände zu betreten und zu fotografieren.

Noch immer war ich mir nicht sicher, ob das wirklich der richtige Ort war. Dann entdeckten wir hinter den Gebäuden den Druidenhügel. Auch er hatte sich verändert. Viele der großen Granitsteine, die die jungsteinzeitlichen Megalith-Leute vor rund fünftausend Jahren für diese Kultstätte angeschleppt hatten, waren weggebaggert worden. Viele der alten moosbewachsenen und efeuumschlungenen Eichen, die alten Birken und auch viele Haselnussstauden und Stechpalmenbäumchen – alles Pflanzen, die schon die Ureinwohner der Region kannten und die ihnen heilig waren – waren gefällt und gerodet worden. In der Mitte der ehemaligen Kultstätte hatte man eine Feuerstelle angelegt und einige Sitzbänke aufgestellt. Vielleicht zünden die neuen Bewohner dort ihre Jahreszeitfeuer an – Osterfeuer, Maifeuer, Sommersonnwendfeuer –, dann würde es doch irgendwie zu dem Kultort passen. Es war für mich dennoch traurig, den »heiligen Hain« in diesem Zustand zu sehen.

Als ich der zuständigen Frau erzählte, dass es sich hier um einen uralten sakralen Ort handelt, war sie ganz erstaunt. »Das wusste ich nicht«, sagte sie, »aber ich hatte immer gespürt, dass er eine ganz besondere Ausstrahlung

Lenzrose am Grab von Arthur Hermes.

Lenzrose (*Helleborus orientalis*).

hat.« Von dem ehemaligen Hofbewohner, dem Bauernphilosophen Arthur Hermes, der einst hier lebte, hatte sie auch noch nie etwas gehört.

Gott sei Dank war der hohe Stein, der Menhir, unter dem die Urne mit der Asche von Arthur Hermes bestattet wurde, noch da. Der obere Teil der hochkantig aufgestellten Granitsteinsäule war jedoch abgebrochen. Der Stein selbst wurde von einer anschaulichen Efeustaude umschlungen, deren behaarte, dicke Haftwurzeln an sich windende Schlangen erinnern. Die immergrüne Kletterpflanze war für die Kelten, die Nachfolger der Megalith-Bauern, die pflanzliche Erscheinung der Großen Göttin. In der keltischen Mythologie schmiegt sie sich an den Stamm der Eiche, des Baumes, der für die Kelten als Verkörperung des mächtigen Donnergottes und Herrschers des Sommers galt. In der Nähe des Steins wuchs auch eine große Stechpalme (Hülsenbusch, englisch *Holly*) mit ihren tiefgrünen, stachelbewährten Blättern. Für die Kelten war sie der Winterkönig, der Gegenspieler der Eiche. Holly trägt die Lebenskraft ins neue Jahr, und der britische Weihnachtsmann trägt noch immer Holly an seiner Kapuze. In der Vegetation des Kultorts spiegelt sich also ein alteuropäisches Mysteriendrama.

Eine wunderschöne blass-rötlich blühende Lenzrose, eine Art *Helleborus,* wuchs unmittelbar unter dem Menhir. Es war nicht die übliche Christrose oder die Nieswurz, die man in den Wäldern des Waadtland findet, sondern die Orientalische Nieswurz (*Helleborus orientalis*). Ein Verehrer des alten Bauernphilosophen muss sie dort gepflanzt haben. Auch viele Narzissen, mit ihren freundlichen hellgelben Blüten gediehen an dieser Stelle; auch diese Blumen muss jemand dem alten Meister zu Ehren gepflanzt haben. Das Heidekraut, die Erika, die ich einst da gesetzt hatte, war jedoch verschwunden.

Ich saß eine Weile bei dem großen Stein und schaute hinab, wo einst der holprige Waldweg zum Hof geführt hatte und von wo der Specht immer schreiend geflogen gekommen war, um Hermes zu berichten, dass Besucher im Anmarsch waren. Der Weg war verschwunden, eine neue gepflasterte Straße führte von rechts hinauf in die Waldlichtung. Die Felder, die Hermes einst bestellt und wo er sein »Michaelskorn« angebaut hatte, waren verschwunden. Die Flächen dienten nun als Weiden. Sie waren zwar gepflegt, aber – wie es mir schien – sie strahlten nicht mehr so, sie waren nicht mehr die innig geliebte Scholle, die sie für Hermes gewesen waren.

Während ich dasaß, wehte ein leichter Wind über das frische Frühlingsgras und ließ es sanft wogen. Es war, als tanze ein Engel darüber. Dabei dachte ich an diesen, meinen Lehrmeister, dankte ihm und wünschte, er möge in Frieden ruhen, bis er wieder ins Getriebe des Lebens zurückkehrt. Der Morgen war trüb und nebelig gewesen, aber nun schien die Sonne. Für einen kurzen Moment leuchteten die Bäume und das Gras, und ich hatte das Gefühl, dass sich seine Seele über den Besuch freute.

Schließlich auf dem Rückweg erkannte ich auch das alte Gebäude, den Stall und das Haus, in dem Hermes gelebt hatte und wo seine Tiere untergebracht waren. Das rustikale Steingebäude war glatt verputzt und rot-lila angemalt worden; die angebauten Konstruktionen und die Renovierungen hatten es verstellt und praktisch getarnt. Aber was hätte ich auch anderes erwarten sollen? Schließlich waren vierzig Jahre vergangen, seit ich das letzte Mal da gewesen war. Und vor sage und schreibe fünfzig Jahren waren ich und Christine das erste Mal auf dem Hof. Fünfzig Jahre! Ein halbes Jahrhundert! Diese Erkenntnis haute mich fast vom Hocker. Da ist es doch selbstverständlich, dass es einem, nach einer so langen Zeit, schwerfällt, den Ort wiederzuerkennen.

Bei der Fahrt auf der neuen Straße hinab ins Tal sah ich, dass da ein tiefes Loch ausgebaggert und mit schwarzer Plastikfolie ausgelegt worden war. Da sollte wohl Regenwasser gesammelt werden. Aber bis auf wenige Zentimeter trübes Wasser war der Teich leer. Die Wassernot gibt es also noch immer. Neben dem Teich hatte man eine Picknickstätte errichtet und als Sitzgelegenheit oder als Abstelltische größere Steine hintransportiert. Es waren ehemalige »Schalensteine« vom Druidenhügel.

Bei einer Stechpalme auf der Kultstätte.

»Wer die Augen offen hält,
dem wird im Leben manches glücken.
Doch besser geht es dem,
der es versteht, eins zuzudrücken.«

Johann Wolfgang von Goethe

NACHWORT

Menschenbegegnungen, sagte Hermes, durchlaufen drei Phasen. Zuerst überwiegt die Sympathie, man will einander mögen, man sieht das Gute in dem anderen. Dann kommt eine Phase der Antipathie, man sieht den Schatten des anderen, man wirft einen kritischen Blick auf ihn. Und zuletzt kommt es zum Ausgleich, zur realistischen Einschätzung. Durch diese drei Phasen sind wir, Arthur Hermes und ich, gegangen.

Und zuletzt bin ich diesem ungewöhnlichen Menschen dankbar, dankbar für die Einsicht, dass die Natur nicht nur belebt ist, sondern auch beseelt und durchgeistet. Ohne seinen Einfluss wäre meine Lebensarbeit nicht möglich gewesen.

»Was darf man als Schriftsteller schreiben«, hatte ich Arthur Hermes einmal gefragt.

»Alles«, hatte er geantwortet, »solang es die Wahrheit ist!«

Das vorliegende Buch habe ich nach bestem Gewissen und so wahrheitsgetreu wie möglich geschrieben. Falls ich mich in manchen Details geirrt habe, bitte ich um Verzeihung. In einem Interview vor einigen Jahren habe ich zum Beispiel gesagt, dass Arthur Hermes »noch im 96. Lebensjahr mehrmals im Monat den steilen Waldpfad durch Tannen und Buchen hinunter zum nächsten Bahnhof lief«, um seine Kurse zu geben. Damals kannte ich sein Alter nicht genau und hatte es um einige Jahre überschätzt. Solche Fehler, die ja leider schwer vermeidlich sind, wenn man Biografien anderer schreibt, tun mir leid.

DANKSAGUNG

An dieser Stelle möchte ich mich bei Freunden bedanken, für die guten Erinnerungen und für Bilder, die dieses Buch illustrieren.

Dank an Andreas Ellenberger und seine Frau, die, wie ich, viel von Arthur Hermes lernten. Ich lernte Andreas als jungen Emmentaler Biobauern kennen. Mit viel Hingabe und Energie setzte er sich in seiner Lebensarbeit für den Schutz und die Erhaltung von Saatgut und Heilpflanzen ein.[45]

Ganz besonderen Dank an Stephan Schlütter, der inzwischen die Gartenarbeitsschule Steglitz-Zehlendorf (bei Berlin) als Gärtnermeister und zertifizierter Feldbotaniker leitet. Stephan hat sein Wort gehalten und sich bis an Haidfrieds Lebensende (2018) um ihn gekümmert. Lange hatte Haidfried, der ein hochsensibler und zugleich genialer Mensch war, im Schatten seines sehr dominanten Vaters gestanden. Da Stephan mit ihm auf Augenhöhe umging, konnte sich Haidfried allmählich entfalten und klarer seinen Seelenweg gehen.[46]

Großen Dank auch an die Gärtnerin Elisabeth Otter, die Tochter des Gärtnermeisters Manfred Stauffer, die sich die Mühe machte, alte Dias hervorzukramen und nach Bildern von Arthur Hermes zu suchen.

Dank auch an Andreas Schwendener, Pia Susanna Bühler Scheidegger, Walter Bühler und Elisabeth Otter für die Erlaubnis, Bilder aus ihrem Archiv zu reproduzieren.

45 https://werde-magazin.de/blog/2019/10/16/hortus-officinarium/ (zuletzt abgerufen am 17. April 2023).

46 Stephan Schlütters heutige Wirkungsstätte: https://www.gartensteglitz.de (zuletzt abgerufen am 17. April 2023).

LITERATUR

Balzer, Georg:
Goethe als Gartenfreund. München, Heyne 1976

Braun, Lucien:
Paracelsus. München, Heyne 1993

Devereux, Paul:
Das Gedächtnis der Erde, Aarau, AT Verlag 2000

Gundermann, Gerhard:
Das Liederbuch 1. Berlin, Buschfunk Musikverlag 1995

Schulze, Hans-Joachim:
Ey! Wie schmeckt der Coffee süße. Leipzig, Verlag für die Frau 1985

Steiner, Rudolf:
»Über Ernährung und innere Entwicklung«, *Aus den Inhalten der Esoterischen Stunden 1904–1909,* Seite 558. Goetheanum, Dornach. Gesamtausgabe 266a

Storl, Wolf-Dieter:
Ich bin ein Teil des Waldes. Stuttgart, Nymphenburger 2021
ders. »Kosmisch kochen: Die planetarische Küche des Arthur Hermes« in *Bekannte und vergessene Gemüse.* Aarau, AT 2020. Seite 260ff.
ders. *Urmedizin.* Aarau und München, AT 2015
ders. *Culture and Horticulture.* Berkeley, California, North Atlantic Books 2013
ders. »Der Druide«, in *Wie die alten Götter weiterleben.* (Willy Dommer, Hrsg.) Freiburg im Breisgau, Verlag Hermann Bauer 1990
ders. *Der Garten als Mikrokosmos.* Freiburg im Breisgau, Hermann Bauer Verlag, 1982
ders. *Der Kosmos im Garten.* Aarau, AT 2022
ders. »Ideologie und Ökologie Emmentaler biologisch-dynamischer Höfe« in *Studia Ethnologica 4.* Seminar für Ethnologie, Universität Bern 1980
ders. *Pflanzen der Kelten.* Aarau, AT 2022

2. Auflage, 2023

AT Verlag AG, Aarau und München
Coverbild: AT Verlag
Bilder: Stephan Schlütter: Seiten 20, 26, 42 (oben), 60, 114; Hilde Stauffer: Seiten 22, 42 (unten), 130; Andreas Schwendener: Seiten 17, 34, 48, 57, 67; Lisa Storl: Seite 75; Archiv Familie Storl: Seiten 14, 62, 128, 134, 136, 138; alle übrigen: Ingo Storl
Lektorat: Diane Zilliges, Murnau
Gestaltung und Satz: AT Verlag
Bildbearbeitung: Christian Spirig, bilderbub.ch
Druck und Bindearbeiten: Graspo CZ, a. s.
Printed in Czechia

ISBN 978-3-03902-222-9

www.at-verlag.ch

Der AT Verlag wird vom Bundesamt für Kultur
für die Jahre 2021–2024 unterstützt.